Gough-Stewart PINGTAI DE FENXI YU YOUHUA SHEJI

Gough-Stewart 平台的分析与优化设计

刘国军　编著

西北工业大学出版社

西　安

【内容简介】 本书是根据作者10余年积累的文献资料，以及在攻读博士学位期间所作研究的基础上编写而成的。本书首先简单介绍 Gough - Stewart 平台的历史以及应用领域，然后进行运动学和动力学建模分析、固有频率的求解、奇异性的分析、性能指标的比较以及结构参数的优化。

本书可供高等学校的教师、学生和研究生，企业的工程技术人员，以及关注 Gough-Stewart 平台的各界人士阅读。

图书在版编目（CIP）数据

Gough - Stewart 平台的分析与优化设计 / 刘国军编著
. —西安：西北工业大学出版社，2019.1(2020.9 重印)
ISBN 978 - 7 - 5612 - 6376 - 1

Ⅰ.①G… Ⅱ.①刘… Ⅲ.①机器人—运动模拟器—研究 Ⅳ.①TP242

中国版本图书馆 CIP 数据核字(2018)第 302489 号

策划编辑： 季 强
责任编辑： 孙 倩

出版发行： 西北工业大学出版社
通信地址： 西安市友谊西路 127 号 邮编：710072
电 话： (029)88493844 88491757
网 址： www.nwpup.com
印 刷 者： 广东虎彩云印刷有限公司
开 本： 787 mm×960 mm 1/16
印 张： 8.5
字 数： 173 千字
版 次： 2019 年 1 月第 1 版 2020 年 9 月第 2 次印刷
定 价： 28.00 元

前　言

Gough-Stewart 平台属于典型的六自由度并联机器人，由于其刚度大、承载能力强、精度高，被广泛地用作汽车运动模拟器、坦克运动模拟器、舰船运动模拟器、飞行模拟器等运动模拟平台，也被用作并联机床、定位装置等。Gough-Stewart 平台用作运动模拟平台，这是并联机器人广泛成功应用的领域。

国内外很多学者对 Gough-Stewart 平台进行了研究。现在国内越来越多的科技工作者进入了 Gough-Stewart 平台这个领域。但 Gough-Stewart 平台属于空间闭环机构，它的分析方法与传统的机械分析方法不一样，也与串联机器人分析方法不一样。关于 Gough-Stewart 平台的文章很多，但对于一个想进入这一领域的新人来说，要花费很长的时间从浩瀚的文献资料中才能找到所需要的知识。

笔者于 2006—2009 年攻读硕士研究生期间，就开始接触 Gough-Stewart 平台的知识，但当时只是很简单的了解。笔者 2009 年下半年进入哈尔滨工业大学电液伺服仿真及试验系统研究所攻读博士学位，师从哈尔滨工业大学电液伺服仿真及试验系统研究所所长——力学环境模拟设备方面的专家韩俊伟教授。哈尔滨工业大学电液伺服仿真及试验系统研究所研制了国内第一台空中对接机构综合试验台运动模拟器，并已经为国内外等多个工程领域的用户提供了几十台 Gough-Stewart 平台产品。在研究所已有项目和知识积累的基础上，在研究所和机电工程学院多位老师和师兄弟们的帮助下，笔者对 Gough-Stewart 平台的分析和优化设计进行了研究。2014 年笔者博士毕业参与工作后，也在不断地关注 Gough-Stewart 平台分析和优化设计等方面的文章。

本书是根据笔者 10 余年积累的文献资料，以及在攻读博士学位期间研究的基础上编写而成的。本书首先简单介绍 Gough-Stewart 平台的历史以及应用领域，然后进行运动学和动力学建模分析、固有频率的求解、奇异性的分析、性能指标的比较以及结构参数的优化。希望对刚进入这一领域的读者提供一些帮助。

由于水平有限，本书可能存在不少的不妥之处，也真诚希望读者、朋友和各方面的专家给予批评指正。笔者邮箱：liuguojun_iest@163. com。

刘国军

2018 年 5 月于湖南理工学院

目　　录

第1章 绪 论

Gough-Stewart 平台机构由 1 个动平台、1 个静平台和 6 条支路组成，如图 1－1 所示。每条支路通过铰链把线性作动器（如电动缸、液压伺服缸）连接于动平台与静平台上。

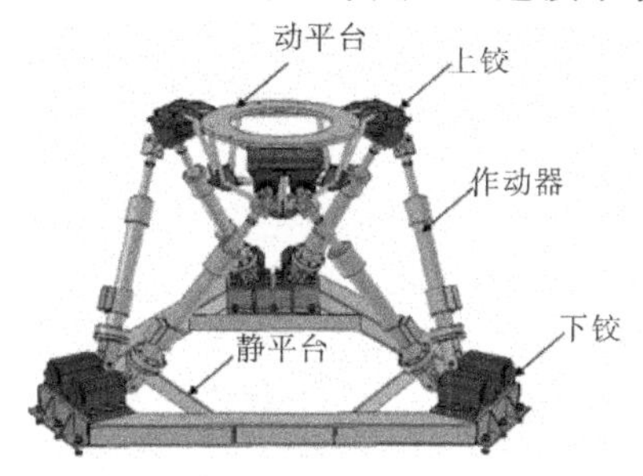

图 1－1 Gough-Stewart 平台机构

1.1 Gough-Stewart 平台的提出

世界上第一台 Gough-Stewart 平台是由 Gough 等人在 1947 年制定方案，于 1949 年开始设计，并于 1955 年制造完成的轮胎检测系统[1]，但很多学者称其为 Stewart 平台[2]。为了体现 Gough 的贡献，现在一般采用名称为 Gough-Stewart 平台[2]。为了正确评价早期各个学者对 Gough－Stewart 平台做出的贡献，现陈述 Gough－Stewart 平台早期发展的历史。在 1962 年，Gough 与 Whitehall 在文献[3]中，对基于 Gough-Stewart 平台的轮胎检测系统进行了详细描述，实物照片如图 1－2 所示。他们提到[3]："主动副采用螺旋起重器（screwjacks），主动副通过两虎克铰分别连接于底座与上平台上"。

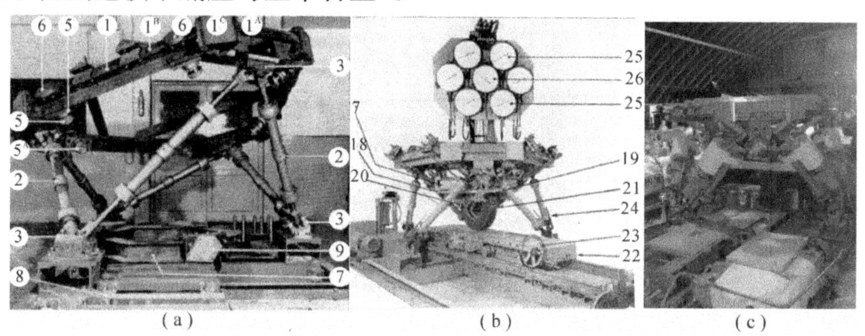

(a) (b) (c)

图 1－2 Gough 与 Whitehall 制造的轮胎检测系统

(a)局部图[3]；(b)整体图[3]；(c)产品实物图[4]

1965 年,Stewart 发表了关于并联机器人的著名文章 *A Platform with Six Degrees of Freedom*[5],引起了学术界的广泛关注。在文献[5]中,Stewart 与审阅者共同讨论时,他们提出将六自由度并联机器人用于飞行模拟系统、海况模拟系统、加工机床等,Stewart 设想的机构如图 1-3 所示,但并没有实际制造过。Gough 作为 Stewart 的文献[5]中的审阅者之一,在讨论中提到了他们已经建造完成的六自由度轮胎检测系统,并提供了实物照片(见图 1-4),但 Stewart 回答说他以前并不知道 Gough 他们已制造的机构。并且 Gough 在文献[5]中也明确指出"In point of fact, the universal joint systems attaching the jacks to the platform are identical to those attaching the jacks to the foundation.",即作动器通过两虎克铰分别连接于底座与上平台上(Fichter, Kerr 和 Rees-Jones 在文献[1]中把 Gough 与 Whitehall 的文献 [3] 和 Stewart 的文献[5] 附在后面)。

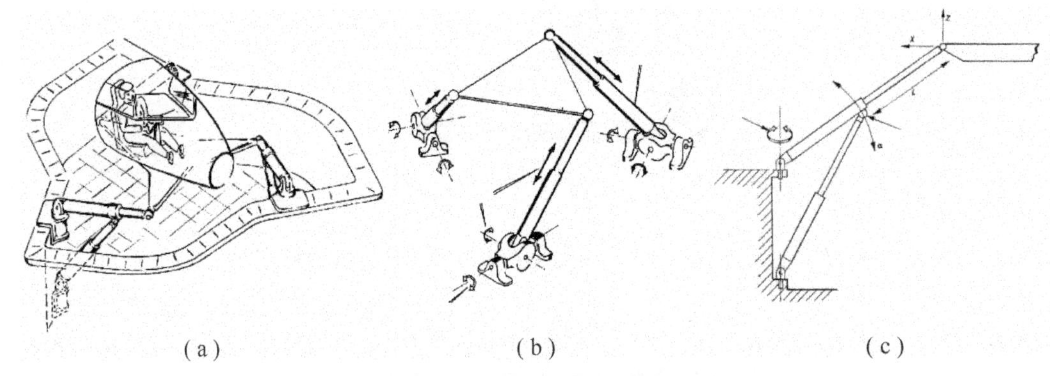

(a)　　　　(b)　　　　(c)

图 1-3　Stewart 提出的机构[5]

(a)示意图;(b)整体布置;(c)支路布置

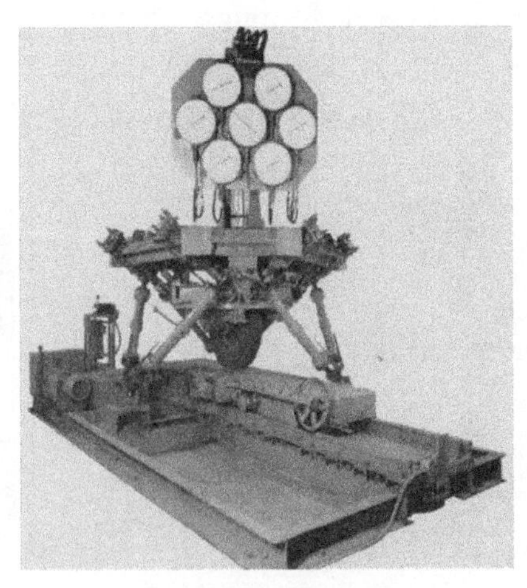

图 1-4　Gough 提供的照片[5]

20 世纪 60 年代初,其他研究人员也独立发明设计了类似的机构[1]。美国的 Cappel 在

2002 年给编辑的信中指出，他在 1961 年发明了用作飞行模拟器的平台系统，后来才了解到 Stewart 的设备，直到 2003 年才知道 Gough 等人制造的轮胎检测系统[1]。Cappel 于 1964 年 12 月 7 日向美国专利商标局对他独立发明的运动模拟器提出了专利申请，并于 1967 年 1 月 3 日得到专利颁证[6]。Cappel 发明的运动模拟器结构示意图如图 1－5(a)[6] 所示，即为现在通常所说的 Gough-Stewart 平台。在他的专利说明书中也提供了单个支路液压驱动系统图[6]（见图 1－5(b)）。Cappel 在专利说明书中指出[6]："用两虎克铰分别把线性伸缩作动器连接于地基与平台上"。基于联合技术公司西科斯基飞机部对六自由度直升机飞行模拟器的设计与建造需求，Cappel 建造了有史以来第一台基于 Gough-Stewart 平台的飞行模拟器，如图 1－6 所示[2]。

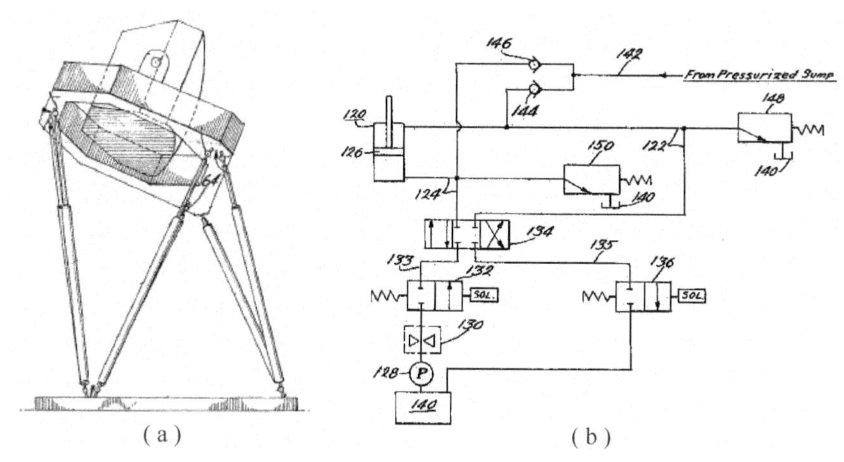

(a)　　(b)

图 1－5　Cappel 发明的运动模拟器[6]

(a)示意图；(b)单个支路液压驱动系统图

图 1－6　第一台基于 Gough-Stewart 平台的飞行模拟器

由这些历史资料的分析中可得到：Gough 与 Cappel 分别都发明设计了 Gough-Stewart 平台，他们发明设计的 Gough-Stewart 平台两端都是采用虎克铰，且 Gough 是最早提出、发明、设计和实际制造 Gough-Stewart 平台的。

1.2 Gough-Stewart 平台的结构形式

Gough-Stewart 平台按上、下铰点连接方式的不同可分为 6－6，6－3 和 3－3 等结构形式[7]。6－6 形式的 Gough-Stewart 平台是最常用的结构，它的上、下铰点分别连接于上、下平台不同的 6 个点上，如图 1－7(a)[7] 所示。6－3 形式的 Gough-Stewart 平台是把 6－6 形式的 Gough-Stewart 平台的上平台中 3 条短边分别合为 1 点，如图 1－7(b)[7] 所示。3－3 形式的 Gough-Stewart 平台是把 6－3 形式的 Gough-Stewart 平台的下平台中 3 条短边各自合为 1 点，如图 1－7(c)[7] 所示。为了制造安装方便，六自由度运动模拟平台一般采用 6－6 结构。

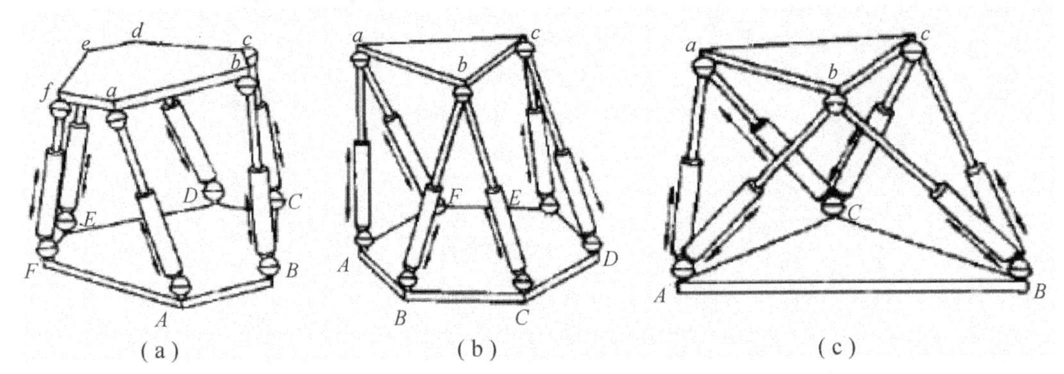

图 1－7 Gough-Stewart 平台的不同结构形式

(a) 6－6 结构；(b) 6－3 结构；(c) 3－3 结构

Gough-Stewart 平台按支路中运动副的连接形式不同，又可以分为 6-SPS(球铰-移动副-球铰)、6－UPS(虎克铰-移动副-球铰)、6-UCU(虎克铰-圆柱副-虎克铰)、6-SCS(球铰-圆柱副-球铰)结构[8]。当 Gough-Stewart 平台采用 SPS，SCS 结构的支路时，构成了冗余的被动运动奇异(redundant passive motion singularity) [9]，这些奇异结构要避免[9]。

1.3 Gough-Stewart 的应用

Gough-Stewart 平台属于典型的六自由度并联机器人，由于其刚度大、承载能力强、精度高，被广泛地用作汽车运动模拟器、坦克运动模拟器、舰船运动模拟器、飞行模拟器等运动模拟平台以及用作并联机床和定位装置等[9]。

1.3.1 六自由度运动模拟平台

由于具有精度高、承载能力大等优点，Gough-Stewart 平台被广泛用作各种六自由度运动模拟平台[9]。如基于联合技术公司的西科斯基飞机部对六自由度直升机飞行模拟器的设计与建造需求，Cappel 建造了有史以来第一台基于 Gough-Stewart 平台的飞行模拟器，如图 1－6[2] 所示；全球著名飞行模拟器制造商——加拿大 CAE 公司制造的 3000 系列全动直升机飞行模拟器与7000系列D级全动飞行模拟器分别如图1-8[10]和图1-9[10]所示。

图1-8 CAE 3000系列全动直升机飞行模拟器

图1-9 CAE 7000系列D级全动飞行模拟器

由于虎克铰比球铰的受拉性能好[7]，六自由度运动模拟平台一般采用虎克铰，又由于中间电动缸与液压缸作动器的活塞杆不仅能沿轴线方向进行伸缩运动，还能绕其轴线方向转动，从而成为6-UCU并联机器人。如Ma Ou在其博士学位论文[11]中提到现代商用飞行模拟器一般采用Gough-Stewart平台结构，其单个支路结构如图1-10所示[11]：两端用虎克铰把圆柱副分别连于上、下平台上，由于活塞杆不仅能沿轴线方向进行伸缩运动，还能绕其轴线方向转动[11]，从而为6-UCU并联机器人，而不是6-UPS并联机器人。

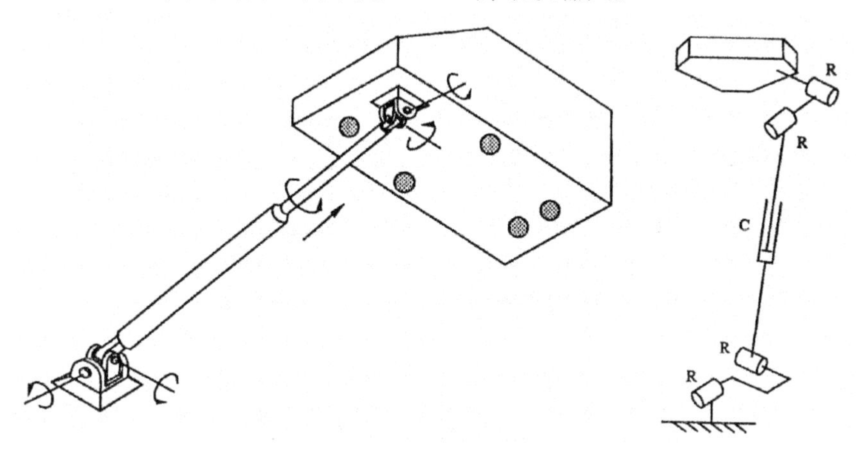

图1-10 商用飞行模拟器支路结构

全球著名运动模拟平台制造商穆格(Moog)公司[12]制造的非冗余六自由度运动模拟平台,不论是液压驱动的还是电动的,一般都采用 6-UCU 并联机器人,如 Moog 公司生产的采用电动缸驱动的 5000E 运动模拟平台[13](见图 1-11)。

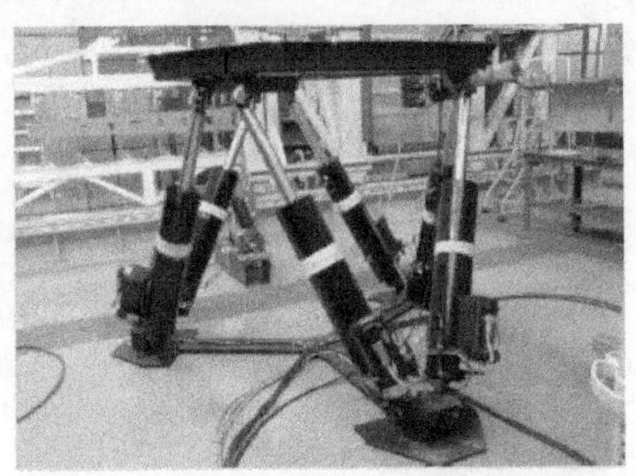

图 1-11　Moog 公司 5000E 电动缸驱动运动模拟平台

世界上领先的运动赛车和车辆模拟器设计者和制造商克鲁登(Cruden)公司生产的 Cruden Hexatech 终极赛车模拟器[14](见图 1-12),能够模拟真实的 F1,NASCAR,WRC 和 LeMans 等比赛。Cruden Hexatech 终极赛车模拟器[14]也是采用电动缸驱动的 Gough-Stewart 平台,且上、下铰都分别采用虎克铰,即为 6-UCU 并联机器人。

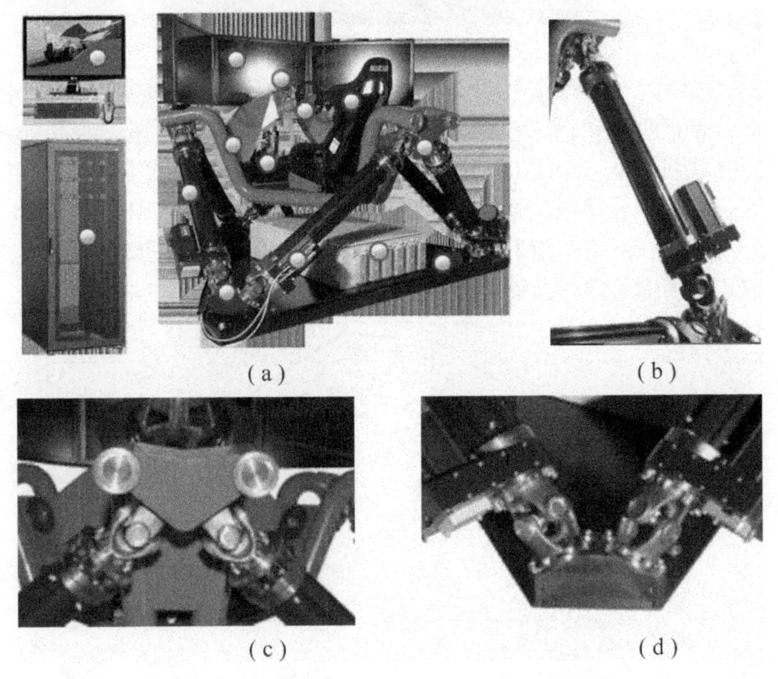

图 1-12　Cruden Hexatech 终极赛车模拟器

(a)整体图;(b)支路图;(c)上铰;(d)下铰

4D-7D影院六自由度运动座椅一般也采用Gough-Stewart平台，如世界最大的游戏超级商店——BMI Gaming公司官网上提供的VALKYRIE和X-Rider影院运动座椅如图1-13所示[15]。

(a)

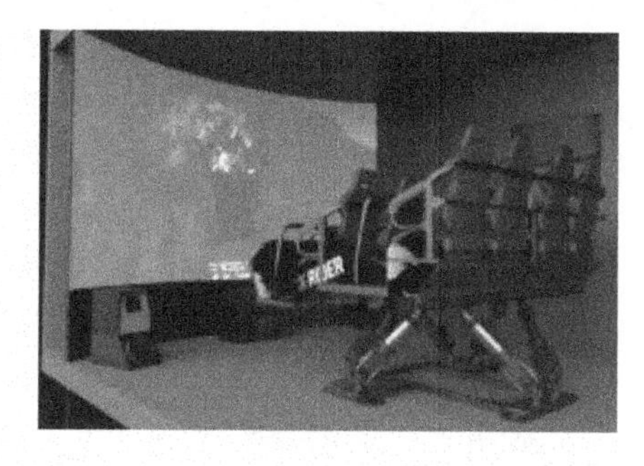

(b)

图1-13　4D-7D影院六自由度运动座椅

(a) VALKYRIE影院运动座椅；(b) X-Rider影院运动座椅

Gough-Stewart平台还用作空间对接机构综合试验设备。如为了实现"神舟八号"和"天宫一号"的空间对接试验，哈尔滨工业大学电液伺服仿真及试验系统研究所为中国航天科技集团公司研制了空中对接机构综合试验台运动模拟器(验收时间：2008年，如图1-14所示，为国内第一台空间对接机构半物理仿真系统)[16]。运动范围大：纵向位移3m，横向位移1.7m，绕任意轴转角为50°；精度高：静态误差小于1mm，0.1°，重复定位精度0.2mm；频率高：12Hz(-2dB，70°)；安全保护：故障情况下作动器快速锁紧，锁紧时间10ms，锁紧位移10mm[16]。图1-15所示为俄罗斯"能源"联合体对接机构综合试验设备[17]。

图1-14　哈尔滨工业大学研制的空中对接机构综合试验台运动模拟器

图1-15　俄罗斯"能源"联合体对接机构综合试验设备

从2000年开始，哈尔滨工业大学电液伺服仿真及试验系统研究所对Gough-Stewart平台的理论展开了深入的研究，并为国内外多个工程领域用户提供了几十台Gough-Stewart平台产品，如空中对接半物理仿真试验大回路攻关试验台(见图 1－14)、船舶运动模拟器(见图 1－16)、两栖战车驾驶模拟系统(见图 1－17，负载：10t)[18]、车端关系综合试验台(见图 1－18)[19]等。但不管是电动缸驱动还是液压缸驱动的 Gough-Stewart 平台，上、下铰都采用虎克铰。由于电动缸和液压缸不仅能提供沿轴线方向的直线主动运动，还能绕轴线方向被动地转动，所以哈尔滨工业大学电液伺服仿真及试验系统研究所以往所制造的 Gough-Stewart 平台都是 6-UCU 并联机器人。

图 1－16　船舶运动模拟器

图 1－17　两栖战车驾驶模拟系统

图 1－18　车端关系综合试验台

以往大负载六自由度运动模拟平台主要采用液压运动系统，但随着大功率直流电机和矢量控制技术的发展，电动运动系统开始逐步替代液压运动系统，它具有噪声低、无污染、维护和使用成本低等特点[20]。Moog 公司的电动运动平台 MB-E-6DOF/60/14000kg(见图 1－19)和电动缸内置空气弹簧支撑系统运动平台 MB-EP-6DOF/60/14000kg(见图 1－20)的最大动负载都可达到 14t[12]，采用电伺服驱动及气动辅助平衡机构的炮塔测试系统(Tank Turret Test System，见图 1－21)有效载荷可达到 24t[21]。国内哈尔滨工业大学电液伺服仿真及试验系统研究所采用电伺服驱动及气动辅助平衡机构研制了目前国内承载能力最大的电伺服驱动六自由度运动平台(见图 1－22)，有效载负荷可达 15t[22]。

图 1-19 Moog 公司的电动运动平台 MB-E-6DOF/60/14000kg

图 1-20 Moog 公司的运动平台 MB-EP-6DOF/60/14000kg

图 1-21 Moog 公司的炮塔测试系统

图 1-22 哈尔滨工业大学研制的大承载能力电伺服驱动六自由度运动平台

以六自由度运动模拟平台为基础，加上其他的设备或装置，可以构成自由度多于六的运动模拟平台，如哈尔滨工业大学电液伺服仿真及试验系统研究所研制的七自由度运动模拟平台(见图 1-23)，模拟负载的俯仰、横滚、偏航三个角运动最高频率可达 15Hz，偏航最大角位移达到±90°，角速度达到 100°/s，角加速度达到 800°/s^2[24]。博世力士乐为同济大学提供的八自由度驾驶模拟器(见图 1-24)，凭借同济大学实验室里的模拟驾驶舱，人们也能精准地感受到车辆驾驶过程中的真实体验[25]。Moog 公司以六自由度运动模拟平台为基础，加上一个两自由度(旋转角 roll 和俯仰角 pitch)的倾斜平台，构成了一个八自由度的平台(见图 1-25)[26]。两自由度平台旋转角和俯仰角分别能达到 30°。整个八自由度运动平台旋转角和俯仰角分别能超过 50°[26]。

图 1-23　哈尔滨工业大学研制的七自由度运动平台

图 1-24　同济大学的八自由度驾驶模拟器

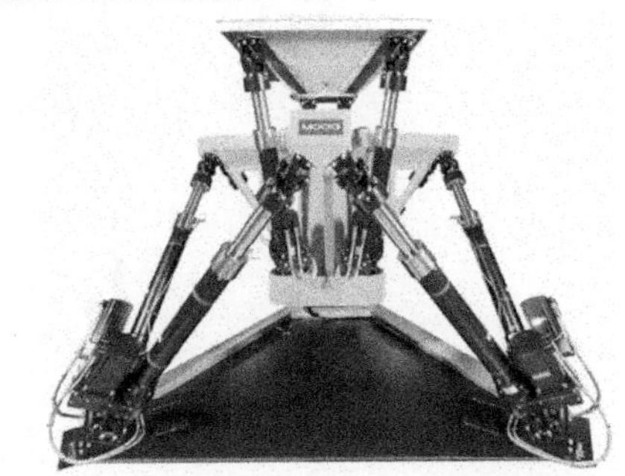

图 1-25　Moog 公司的八自由度运动模拟平台

1.3.2　其他应用

国外对并联机床的研究是从 20 世纪 80 年代开始的，并于 90 年代相继推出了形式各异的产品化样机。1994 年美国芝加哥 IMT 博览会上的 Giddings & Levis 公司 Variax 并联机床如图 1-26 所示[27]。每条支路通过万向接头(gimberls)分别连到上平台和下平台上[27]。加工精度达到 10μm，最大速度为 66m/min，最大加速度超过 1g。OKUMA 公司生产的 PM-600 并联机床如图 1-27 所示[28]。图 1-28 所示为在一台标准的立式铣床下面配置一台 Gough-Stewart 平台，可以变成一个五轴加工中心[29]。

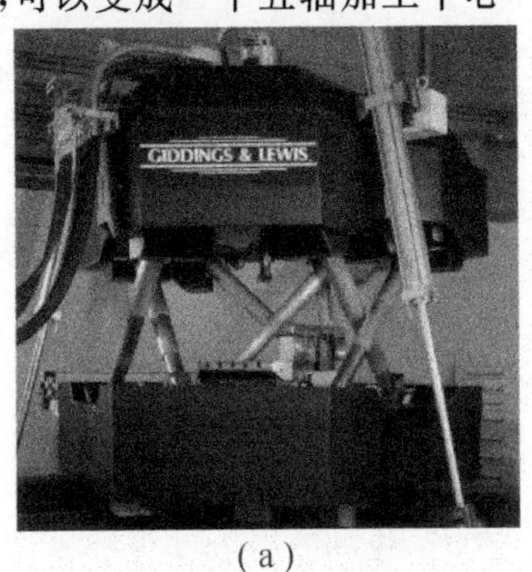

(a)

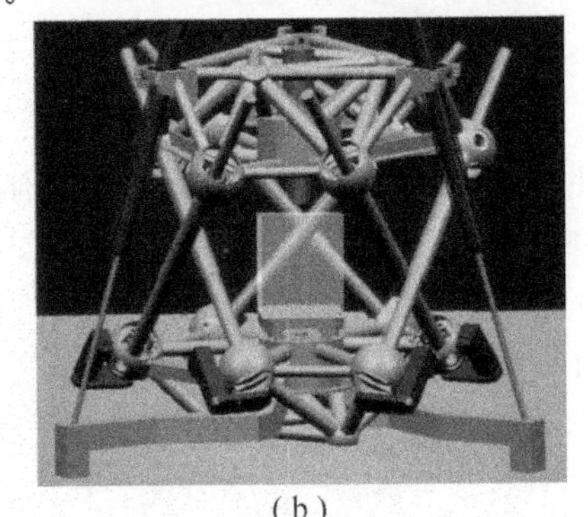

(b)

图 1-26　Giddings & Levis 公司的 Variax 并联机床

(a)样机；(b)万向接头布置图

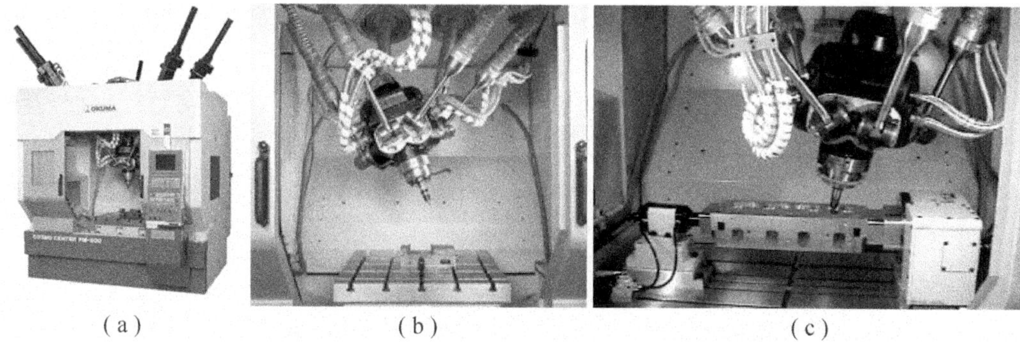

图1-27 OKUMA的PM-600并联机床

(a) PM-600;(b)主轴部件与滚珠配置;(c)加工实例

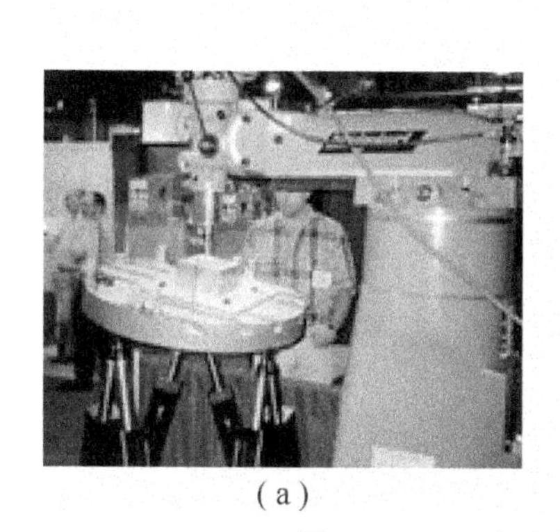

图1-28 组合成的五轴加工中心

Gough-Stewart平台也可用作工业机器人，如发那科(FANUC)机器人有限公司生产的F-i200iB系列机器人(见图1-29)，最大负重可达到100kg，可应用于装配、物流搬运、材料加工、弧焊、点焊[30]。

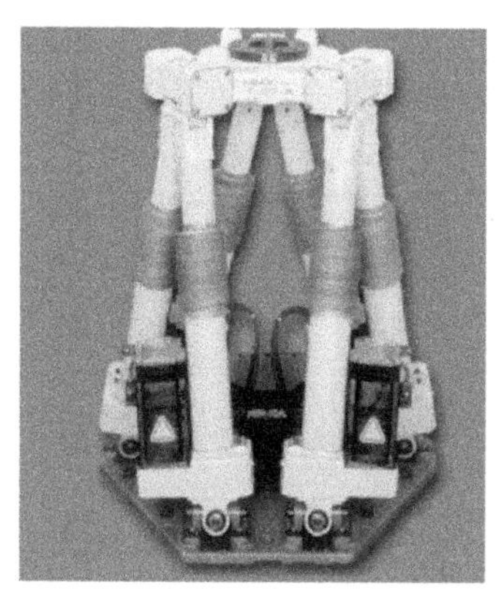

图1-29 F-i200iB系列机器人

Juan Ramirez 和 Jörg Wollnack 把 Gough-Stewart 平台用于大型碳纤维复合材料结构柔性自动化装配系统中(见图 1－30)[31]。

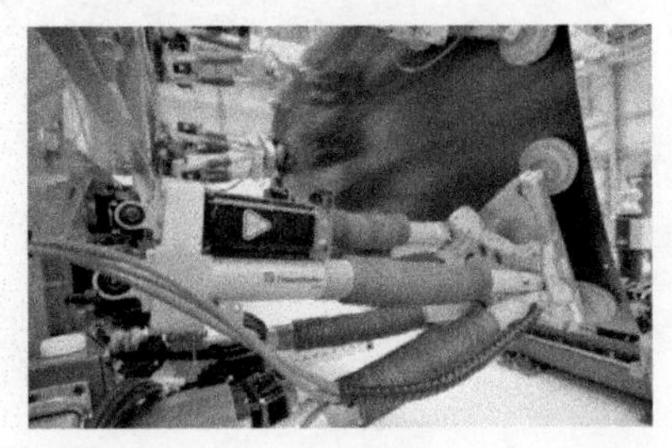

图 1－30　Juan Ramirez 和 Jörg Wollnack 的样机

荷兰领先的动态补偿通道(MCG)系统供应商 Ampelmann 公司已经推出其最新型——A 型增强性能(AEP)人员转移通道,可在高达 4m 有效波高的情况下为用户提供高 10％的工作能力,还能够利用更小型的船舶达到类似的性能[32]。Ampelmann 公司研制的人员转移通道如图 1－31 所示[33]。

图 1－31　Ampelmann 公司研制的人员转移通道

Gough-Stewart 平台也被用于天文望远镜系统中。如安装在美国夏威夷莫纳罗亚山(MaunaLoa)上的 AMiBA 天文望远镜(见图 1－32),采用 Gough-Stewart 平台机构,能够在高达 30m/s 的风速下运行。

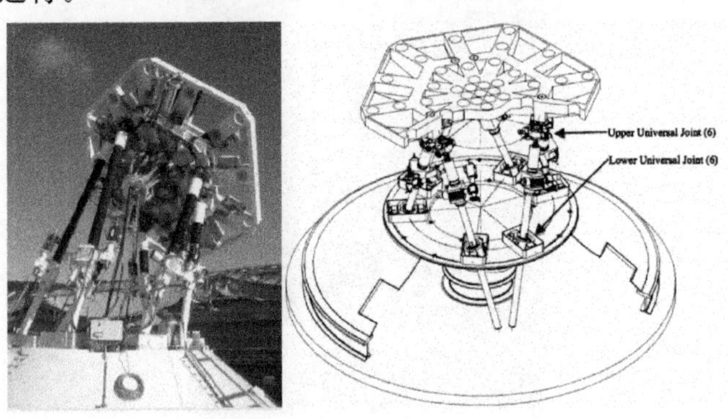

图 1－32　AMiBA 天文望远镜

Gough-Stewart 平台还被用作坐标测量机，如俄国 Lapic 公司制造的 KIM-750 坐标测量机[35]（见图 1-33）。

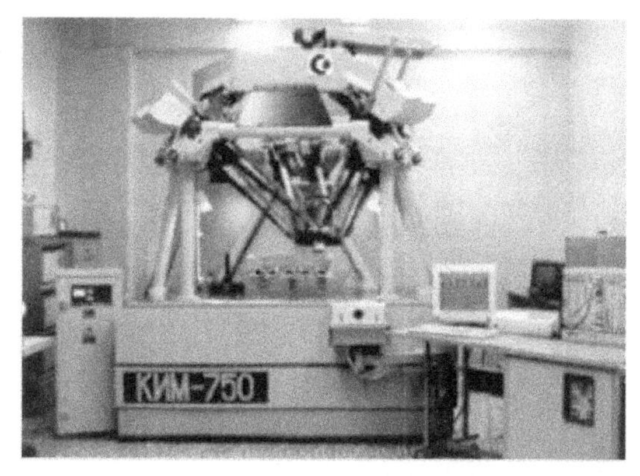

图 1-33 KIM-750 坐标测量机

Gough-Stewart 平台也被用于定位、隔振和振动控制等，详细了解请阅读著名并联机器人专家 J. P. Merlet 2006 年编著的 *Parallel Robots*（第二版）（中文版由黄远灿翻译，书名为《并联机器人》，机械工业出版社，2014 年出版）。

1.4 本书内容

Gough-Stewart 平台作为典型的并联机器人，已经广泛被用作多种设备。现在关于 Gough-Stewart 平台的文献也是成千上万。对于刚刚进入这个领域的科技人员，很难系统地找到全面的知识。本书基于笔者 2009—2014 年在哈尔滨工业大学电液伺服仿真及试验系统研究所攻读博士学位时做的研究，和笔者近 10 年来收集到的文献，以及工作后的思考，将从 Gough-Stewart 平台的运动学、动力学、奇异性到结构参数优化等方面进行介绍。希望能让初学者很快地了解和掌握 Gough-Stewart 平台的基本知识，以推进 Gough-Stewart 平台在各个应用领域的发展。

参考文献

[1] Fichter E F, Kerr D R, Rees-Jones J. The Gough - Stewart Platform Parallel Manipulator: A Retrospective Appreciation[J]. Proceedings of the Institution of Mechanical Engineers, Part C: Journal of Mechanical Engineering Science, 2009, 223(1): 243-281.

[2] Bonev I. The True Origins of Parallel Robots[EB/OL]. (2003-01-24)[2013-06-30]. http://www.parallemic.org/Reviews/Review007.html.

[3] Gough V E, Whitehall S G. Universal Tyre Testing Machine[C]// Proceedings of the

9th International Automobile Technical Congress，1962：117-137.
[4] Wikipedia. Stewart Platform[EB/OL].（2018-03-08）[2018-05-01]. https://en.wikipedia.org/wiki/Stewart_platform.
[5] Stewart D. A Platform with Six Degrees of Freedom[J]. Proceedings of the Institution of Mechanical Engineers，1965，180(1)：371-386.
[6] Cappel K L. Motion Simulator[P]. US Patent No. 3295224，January 3，1967
[7] 黄真，孔令富，方跃法. 并联机器人机构学理论及控制[M]. 北京：机械工业出版社，1997：33-34，307.
[8] Tsai L W. Mechanism Design：Enumeration of Kinematic Structures According to Function[M]. New York：CRC Press LLC，2001:216－240.
[9] Merlet J P. Parallel Robots[M]. 2nd. Netherlands：Springer，2006：70-93,181.
[10] CAE. Full-Flight Simulators[EB/OL]. [2018-05-01]. https://www.cae.com/civil-aviation/airlines-fleet-operators/training-equipment/full-flight-simulators.
[11] Ma Ou. Mechanical Analysis of Parallel Manipulators with Simulation，Design and Control Applications[D]. Montreal:McGill University，1991：122.
[12] MOOG. Motion Bases[EB/OL]. [2018-05-01]. http://www.moog.com/products/motion-systems/motion-bases.html.
[13] Blaise J，Bonev I，Monsarrat B，et al. Kinematic Characterisation of Hexapodsfor Industry[J]. Industrial Robot：An International Journal，2010，37(1)：79-88.
[14] Cruden. Cruden's Hexatech Simulator[EB/OL]. [2013-06-30]. http://www.cruden.com/training/the-simulator1/.
[15] BMIGaming. Motion Simulator Rides & Attractions[EB/OL]. [2018-05-01]. https://www.bmigaming.com/games-arcade-motion-simulators-rides-3d-theaters.htm.
[16] 福云天翼. 项目名称:空中对接机构综合试验台运动模拟[EB/OL]. [2018-05-01]. http://www.fyty2010.com/index.php? m＝content&c＝index&a＝show&catid＝128&id＝23.
[17] 张尚盈. 液压驱动并联机器人力控制研究[D]. 哈尔滨:哈尔滨工业大学,2005：7.
[18] 福云天翼. 两栖战车驾驶模拟系统[EB/OL]. [2018-05-01]. http://www.fyty2010.com/index.php? m＝content&c＝index&a＝show&catid＝125&id＝38.
[19] 福云天翼. 车端关系综合试验台[EB/OL]. [2018-05-01]. http://www.fyty2010.com/index.php? m＝content&c＝index&a＝show&catid＝119&id＝29.
[20] 胡军. 气源辅助式电动运动系统在飞行模拟机上的应用[J]. 中国科技博览，2015(6)：374-374.
[21] MOOG. Motion Bases[EB/OL]. [2018-05-01]. http://www.moog.com/products/turret-test-systems/.

[22] 福云天翼. 六自由度运动平台[EB/OL]. [2018-05-01]. http://www.fyty2010.com/index.php? m=content&c=index&a=show&catid=128&id=21.

[23] Electric Motion Base MB-E-6DOF/60/14000KG *(Formerly 6DOF30000E)[EB/OL]. [2013-06-30]. http://www.moog.com/products/motion-systems/motion-bases/.

[24] 福云天翼. 七自由度运动模拟系统[EB/OL]. [2018-05-01]. http://www.fyty2010.com/index.php? m=content&c=index&a=show&catid=128&id=36.

[25] 同济大学. 同济大学8自由度驾驶模拟器投入运行[EB/OL]. (2011-12-26) [2018-05-01]. http://www.tjsafety.cn/Content.aspx? LID=129&ID=429.

[26] MOOG. Electric Simulation Table with Tilt[EB/OL]. [2018-05-01]. http://www.moog.com/products/simulation-tables/electric-simulation-table-with-tilt.html

[27] Giddings & Lewis, Inc. VARIAX: the Machine Tool of the Future-Today! [R]. USA: 1994.

[28] OKUMA. パラレルメカニズム COSMO CENTER PM-600 [EB/OL]. [2018-05-03]. https://www.okumamerit.com/article/no16/02.html.

[29] Koepfer C. This Hexapod You Can Work With-Hexel Corp.'s Hexabot Series 1 of machining centers for machine shops-Brief Article-Statistical Data Included[J]. Modern Machine Shop, 2000 (9).

[30] OKUMA. F-200iB 系列[EB/OL]. [2018-05-03]. http://www.shanghai-fanuc.com.cn/index.php? option = com _ djcatalog2&view = items&cid = 9% 3Af-100iaf-200ib&Itemid=63&lang=zh.

[31] Ramirez J, Wollnack J. Flexible Automated Assembly Systems for Large CFRP-Structures[J]. Procedia Technology, 2014, 15: 447-455.

[32] 国际船舶网. Ampelmann 推出最新型人员转移通道[EB/OL]. (2017-07-12)[2018-05-01]. http://www.eworldship.com/html/2017/Manufacturer_0712/129977.html

[33] Cerda Salzmann D J. Ampelmann: Development of the Access System for Offshore Wind Turbines[D]. Delft: Delft University of Technology, 2010:168.

[34] Koch P M, Kesteven M, Nishioka H, et al. The AMiBA Hexapod Telescope Mount [J]. The Astrophysical Journal, 2009, 694(2): 1670-1684.

[35] Angeles J, Morozov A, Bai S. A Novel Parallel-Kinematics Machine Tool[C]//Proc. Sixth International Conference on Advanced Manufacturing Technologies, 2005.

第2章　6-UPS型 Gough-Stewart 平台简化运动学与动力学反解分析

当对 Gough-Stewart 平台进行基于模型的控制策略进行研究时，或对 Gough-Stewart 平台的驱动力进行估算时，只需要得到作动器力的大小，而不需要得到各个部件的受力情况。本章将针对用户有时要求控制点可变、缸筒端与活塞端质心不一定在铰点连线上的情况，先建立适用于控制点在任意点、缸筒端与活塞端质心在任意位置的 6-UPS 型 Gough-Stewart 平台运动学反解模型，然后运用虚功原理建立它的动力学反解方程，最后通过仿真对比，验证所推导公式的正确性。

本章内容是在笔者攻读博士学位期间发表的论文[1]的基础上进行研究的。

2.1　运动学反解分析

2.1.1　平台描述

如图 2-1(a)所示，6-UPS 型 Gough-Stewart 平台是把支路通过球铰、虎克铰分别连接于动平台与静平台上。其中 S 表示 spherical joint，球铰；U 表示 universal joint，虎克铰或万向铰；P 表示 prismatic joint，移动副。P 带下划线，表示移动副是主动副，其他没有下划线的运动副表示为被动副。在图 2-1 中，除了示意图之外，还有一个布局图(layout graph)(见图 2-1(b))，有时布局图有助于理解并联机器人细微的结构[2]。

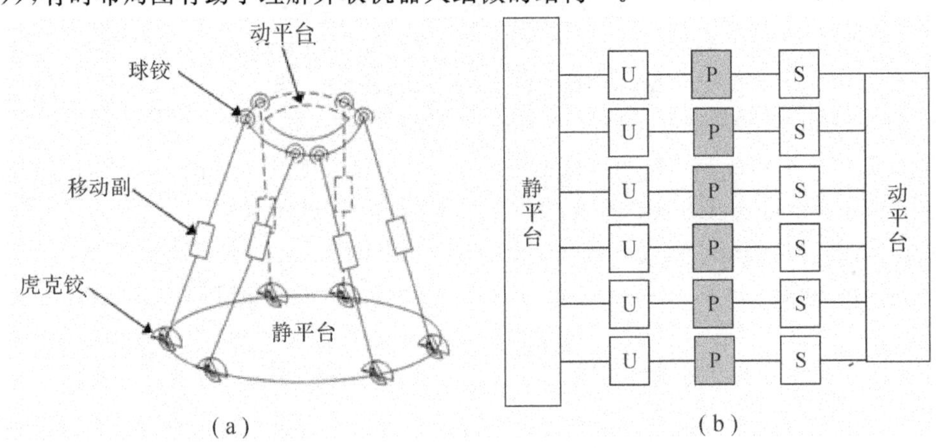

图 2-1　6-UPS 型 Gough-Stewart 平台

(a) 6-UPS 型 Gough-Stewart 平台示意图；(b)布局图(layout graph)

为了分析方便，在动平台与负载联合体上任意点处建立平台坐标系 O_1-uvw，在静平台上任意点处建立静坐标系 $O-xyz$，如图 2-2 所示。原点 O_1 在静坐标系中的位置矢量用 $\boldsymbol{t}$ 表示；连杆 i 的下铰点用 B_i 表示，到原点 O 的位置矢量在静坐标系用 $\boldsymbol{b}_i$ 表示；上铰点用 P_i 表示，到原点 O_1 的位置矢量在静坐标系中表示为 $\boldsymbol{p}_i$；下、上铰点连线矢量在静坐标系中表示为 $l_i\boldsymbol{n}_i$，其中 l_i 表示杆 i 下、上铰点之间的长度，$\boldsymbol{n}_i$ 表示其单位矢量方向；动平台与负载的综合质心 C 到原点 O_1 的位置矢量在静坐标系中表示为 $\boldsymbol{c}$；且点 C 到 O 的位置矢量为 $\boldsymbol{r}_c$。平台坐标系到静坐标系的旋转矩阵为 $\boldsymbol{R}$。连杆 i 的示意图如图 2-3 所示。在连杆 i 下铰点 B_i 处建立体坐标系 $B_i-x_iy_iz_i$，其到静坐标系中的旋转矩阵为 $\boldsymbol{R}_i$，并规定：z_i 沿连杆 i 的下、上铰点连线方向；y_i 为 z_i 轴与静坐标系中 z 轴的矢量叉乘方向；x_i 根据右手定则确定，原点与下铰点 B_i 重合。在连杆 i 的上铰点 P_i 处建立体坐标系 $P_i-x_iy_iz_i$，其坐标轴的方向与 $B_i-x_iy_iz_i$ 一样，只是原点建立在上铰点 P_i 处。当采用液压阀控制液压缸驱动时，缸筒与液压阀装在一起，其质心不在连杆 i 的下、上铰点连线上。设连杆 i 上缸筒端质心在体坐标系 $B_i-x_iy_iz_i$ 中的位置矢量和活塞杆端质心在体坐标系 $P_i-x_iy_iz_i$ 中的位置矢量在静坐标系中分别表示为 $\boldsymbol{c}_{1i}$，$\boldsymbol{c}_{2i}$；缸筒端质心、活塞杆端质心在静坐标系中的位置矢量分别为 $\boldsymbol{r}_{1i}$，$\boldsymbol{r}_{2i}$；缸筒端的质量为 m_1，活塞杆端的质量为 m_2。

为了表示方便，作如下规定：文中的矢量没有左上标时，是在静坐标系中表示的；当在某个体坐标系中表示时，则在其左上角标示其坐标系的原点；当矢量上方带有符号"～"时，表示相应矢量三个坐标值所构成的反对称矩阵，用来表示叉乘，即对于任意矢量 $\boldsymbol{a}$，$\boldsymbol{b}$，有 $\boldsymbol{a}\times\boldsymbol{b}=\tilde{\boldsymbol{a}}\boldsymbol{b}$。

2.1.2　坐标变换——欧拉角表示

在航空、航海等工程中，旋转矩阵 $\boldsymbol{R}$ 通常用欧拉角来表示，现采用 zyx 的顺序[3,4]，即首先绕 z 轴转动，转动角度为 ψ；接着绕新的 y 轴转动，转动角度为 θ；最后绕新的 x 轴转动，转动角度为 ϕ。则有

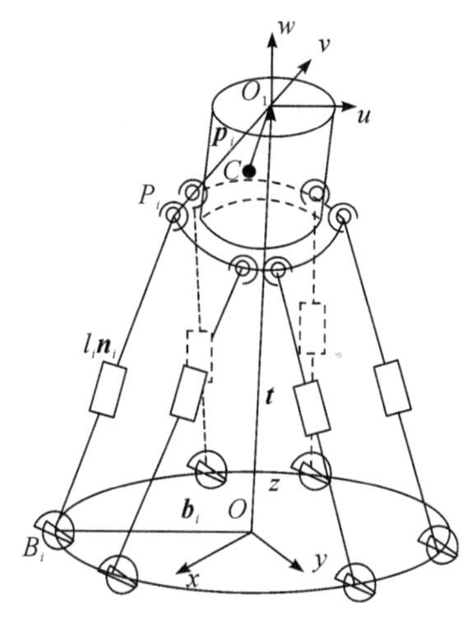

图 2-2　Gough-Stewart 平台坐标示意图

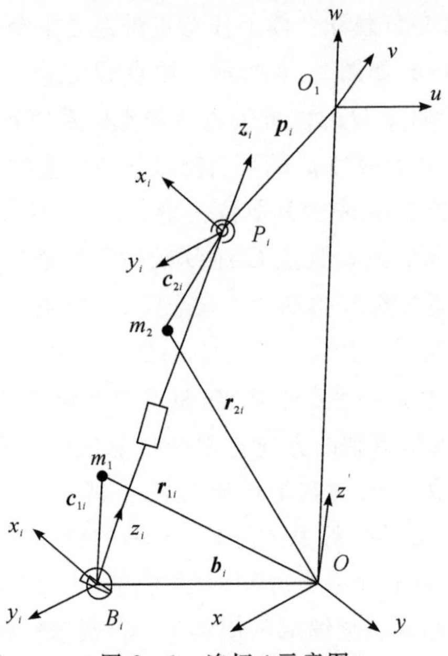

图 2-3　连杆 i 示意图

$$\boldsymbol{R}=\begin{bmatrix}\mathrm{c}\psi\mathrm{c}\theta & \mathrm{c}\psi\mathrm{s}\theta\mathrm{s}\phi-\mathrm{s}\psi\mathrm{c}\phi & \mathrm{s}\psi\mathrm{s}\phi+\mathrm{c}\psi\mathrm{s}\theta\mathrm{c}\phi \\ \mathrm{s}\psi\mathrm{c}\theta & \mathrm{c}\phi\mathrm{c}\psi+\mathrm{s}\psi\mathrm{s}\theta\mathrm{s}\phi & \mathrm{s}\psi\mathrm{s}\theta\mathrm{c}\phi-\mathrm{c}\psi\mathrm{s}\phi \\ -\mathrm{s}\theta & \mathrm{c}\theta\mathrm{s}\phi & \mathrm{c}\theta\mathrm{c}\phi\end{bmatrix} \tag{2-1}$$

式中，$\mathrm{c}\psi=\cos\psi$，$\mathrm{s}\psi=\sin\psi$，依此类推，根据欧拉角与旋转矩阵的关系，有[3]

$$\boldsymbol{\omega}_{\mathrm{p}}=\begin{bmatrix}\mathrm{c}\psi\mathrm{c}\theta & -\mathrm{s}\psi & 0 \\ \mathrm{s}\psi\mathrm{c}\theta & \mathrm{c}\psi & 0 \\ -\mathrm{s}\theta & 0 & 1\end{bmatrix}\begin{bmatrix}\dot{\varphi} \\ \dot{\theta} \\ \dot{\psi}\end{bmatrix}=\boldsymbol{U}\begin{bmatrix}\dot{\varphi} \\ \dot{\theta} \\ \dot{\psi}\end{bmatrix} \tag{2-2}$$

式中，$\boldsymbol{\omega}_{\mathrm{p}}$ 表示动平台的角速度；$\dot{\phi}$，$\dot{\theta}$，$\dot{\psi}$ 分别表示 ϕ，θ，ψ 对时间的一次求导。

式(2-2) 对时间求导得

$$\boldsymbol{\alpha}_{\mathrm{p}}=\begin{bmatrix}-\dot{\psi}\mathrm{s}\psi\mathrm{c}\theta-\dot{\theta}\mathrm{c}\psi\mathrm{s}\theta & -\dot{\psi}\mathrm{c}\psi & 0 \\ \dot{\psi}\mathrm{c}\psi\mathrm{c}\theta-\dot{\theta}\mathrm{s}\psi\mathrm{s}\theta & -\dot{\psi}\mathrm{s}\psi & 0 \\ -\dot{\theta}\mathrm{c}\theta & 0 & 0\end{bmatrix}\begin{bmatrix}\dot{\phi} \\ \dot{\theta} \\ \dot{\psi}\end{bmatrix}+\boldsymbol{U}\begin{bmatrix}\ddot{\phi} \\ \ddot{\theta} \\ \ddot{\psi}\end{bmatrix} \tag{2-3}$$

式中，$\boldsymbol{\alpha}_{\mathrm{p}}$ 表示动平台的角加速度；$\ddot{\phi}$，$\ddot{\theta}$，$\ddot{\psi}$ 分别表示 ϕ，θ，ψ 对时间的二次求导。

当然也可以采用欧拉角的其他旋转顺序或用欧拉参数等描述，只是动平台的旋转矩阵、角速度、角加速度的描述有些不同，后面推导的结果都适用。

2.1.3　运动学反解分析

为了进行动力学分析，首先需对其进行运动学反解分析。

1.位置反解分析

如图2-3所示，根据矢量关系可得到上铰点 P_i 的位置矢量为

$$\boldsymbol{b}_i + l_i \boldsymbol{n}_i = \boldsymbol{t} + \boldsymbol{p}_i \tag{2-4}$$

式中

$$\boldsymbol{n}_i = \frac{\boldsymbol{t} + \boldsymbol{p}_i - \boldsymbol{b}_i}{l_i} \tag{2-5}$$

$$l_i = \| \boldsymbol{t} + \boldsymbol{p}_i - \boldsymbol{b}_i \| \tag{2-6}$$

连杆 i 上的体坐标系 $B_i\text{-}x_iy_iz_i$，$P_i\text{-}x_iy_iz_i$ 到静坐标系中的旋转矩阵 $\boldsymbol{R}_i$ 为

$$\boldsymbol{R}_i = [\hat{\boldsymbol{x}}_i \quad \hat{\boldsymbol{y}}_i \quad \hat{\boldsymbol{z}}_i] \tag{2-7}$$

式中，$\hat{\boldsymbol{x}}_i$，$\hat{\boldsymbol{y}}_i$，$\hat{\boldsymbol{z}}_i$ 分别为 x_i，y_i，z_i 轴的单位矢量方向。

根据前面的定义，有

$$\hat{\boldsymbol{z}}_i = \boldsymbol{n}_i \,, \quad \hat{\boldsymbol{y}}_i = \frac{\boldsymbol{n}_i \times \boldsymbol{K}}{\| \boldsymbol{n}_i \times \boldsymbol{K} \|} \,, \quad \hat{\boldsymbol{x}}_i = \hat{\boldsymbol{y}}_i \times \hat{\boldsymbol{z}}_i \tag{2-8}$$

式中，$\boldsymbol{K}$ 为静坐标系中 z 轴的单位矢量方向。

由图2-2可得到缸筒端质心、活塞杆端质心的位置为

$$\boldsymbol{r}_{1i} = \boldsymbol{b}_i + \boldsymbol{c}_{1i} \tag{2-9}$$

$$\boldsymbol{r}_{2i} = \boldsymbol{t} + \boldsymbol{p}_i + \boldsymbol{c}_{2i} = \boldsymbol{b}_i + l_i \boldsymbol{n}_i + \boldsymbol{c}_{2i} \tag{2-10}$$

根据矢量关系可得到综合质心点 C 的位置矢量：

$$\boldsymbol{r}_C = \boldsymbol{t} + \boldsymbol{c} \tag{2-11}$$

2.速度反解分析

式(2-4)右边对时间求导，得到上铰点 P_i 的速度：

$$\boldsymbol{v}_{P_i} = \dot{\boldsymbol{t}} + \boldsymbol{\omega}_{\mathrm{p}} \times \boldsymbol{p}_i = \boldsymbol{v}_{\mathrm{p}} + \boldsymbol{\omega}_{\mathrm{p}} \times \boldsymbol{p}_i \tag{2-12}$$

式中，$\boldsymbol{v}_{P_i}$ 表示上铰点 P_i 的速度；$\boldsymbol{v}_{\mathrm{p}}$ 表示动平台坐标系原点的平动速度；$\dot{\boldsymbol{t}}$ 表示 $\boldsymbol{t}$ 对时间求导。

式(2-4)左边对时间求导，也得到点 P_i 的速度。

$$\boldsymbol{v}_{P_i} = l_i \boldsymbol{\omega}_i \times \boldsymbol{n}_i + \dot{l}_i \boldsymbol{n}_i \tag{2-13}$$

式中，$\boldsymbol{\omega}_i$ 表示第 i 个连杆的角速度；$\dot{l}_i$ 为连杆 i 的伸缩速度。

由式(2-6)可得到连杆 i 的伸缩速度为

$$\dot{l}_i = \frac{1}{l_i} [(\boldsymbol{t} + \boldsymbol{p}_i - \boldsymbol{b}_i)^{\mathrm{T}} \quad (\boldsymbol{p}_i \times (\boldsymbol{t} - \boldsymbol{b}_i)]^{\mathrm{T}}) \begin{bmatrix} \boldsymbol{v}_{\mathrm{p}} \\ \boldsymbol{\omega}_{\mathrm{p}} \end{bmatrix} \tag{2-14}$$

由于6-UPS型Gough-Stewart平台的连杆 i 不能绕自身轴线方向转动，得

$$\boldsymbol{\omega}_i \cdot \boldsymbol{n}_i = 0 \tag{2-15}$$

式(2-12)两边左叉乘 $\boldsymbol{n}_i$，可得到连杆 i 的转动角速度为

$$\boldsymbol{\omega}_i = \frac{\boldsymbol{n}_i \times \boldsymbol{v}_{P_i}}{l_i} \tag{2-16}$$

式(2-9)、式(2-10)分别对时间求导，得到连杆 i 上缸筒端质心与活塞杆端质心的平动速度 $\boldsymbol{v}_{1i}$，$\boldsymbol{v}_{2i}$ 分别为

$$\boldsymbol{v}_{1i} = \dot{\boldsymbol{r}}_{1i} = \boldsymbol{\omega}_i \times \boldsymbol{c}_{1i} \tag{2-17}$$

$$\boldsymbol{v}_{2i} = \dot{\boldsymbol{r}}_{2i} = l_i \boldsymbol{\omega}_i \times \boldsymbol{n}_i + \dot{l}_i \boldsymbol{n}_i + \boldsymbol{\omega}_i \times \boldsymbol{c}_{2i} \tag{2-18}$$

定义平台坐标系的广义速度与连杆伸缩速度的雅克比矩阵 $\boldsymbol{J}$ 为

$$\dot{\boldsymbol{l}} = [\dot{l}_1 \quad \dot{l}_2 \quad \dot{l}_3 \quad \dot{l}_4 \quad \dot{l}_5 \quad \dot{l}_6]^{\mathrm{T}} = \boldsymbol{J}\begin{bmatrix}\boldsymbol{v}_{\mathrm{p}} \\ \boldsymbol{\omega}_{\mathrm{p}}\end{bmatrix} = \boldsymbol{J}\dot{\boldsymbol{x}}_{\mathrm{p}} \tag{2-19}$$

式中，$\dot{\boldsymbol{x}}_{\mathrm{p}} = [\boldsymbol{v}_{\mathrm{p}} \quad \boldsymbol{\omega}_{\mathrm{p}}]^{\mathrm{T}}$ 为平台坐标系的广义速度；T 表示转置。

由式(2-14)可知，雅克比矩阵 $\boldsymbol{J}$ 的第 j 行 $\boldsymbol{J}_j$ 为

$$\boldsymbol{J}_j = \frac{1}{l_i}[(\boldsymbol{t} + \boldsymbol{p}_i - \boldsymbol{b}_i)^{\mathrm{T}} \ (\boldsymbol{p}_i \times (\boldsymbol{t} - \boldsymbol{b}_i))^{\mathrm{T}}] \tag{2-20}$$

式中，j 与 i 取对应相同的值，以下一样。

式(2-11)对时间求导，求得综合质心 C 的平动速度 $\boldsymbol{v}_C$ 为

$$\boldsymbol{v}_C = \dot{\boldsymbol{r}}_c = \dot{\boldsymbol{t}} + \boldsymbol{\omega}_{\mathrm{p}} \times \boldsymbol{c} = \boldsymbol{v}_{\mathrm{p}} + \boldsymbol{\omega}_{\mathrm{p}} \times \boldsymbol{c} = \boldsymbol{J}_{C1}\dot{\boldsymbol{x}}_{\mathrm{p}} \tag{2-21}$$

$$\boldsymbol{J}_{C1} = [\boldsymbol{I}_{3\times3} \quad -\tilde{\boldsymbol{c}}] \tag{2-22}$$

式中，$\boldsymbol{I}_{3\times3}$ 表示 3 阶单位方阵；$\dot{\boldsymbol{r}}_C$ 表示 $\boldsymbol{r}_C$ 对时间求导。

$$\tilde{\boldsymbol{c}} = \begin{bmatrix} 0 & -c_z & c_y \\ c_z & 0 & -c_x \\ -c_y & c_x & 0 \end{bmatrix}$$

式中，c_x，c_y，c_z 分别表示 $\boldsymbol{c}$ 沿 x，y，z 三轴的分量。以下矢量头上带～的表示意义同样。

为了得到紧凑的解，要建立速度之间的雅克比矩阵。

把式(2-12)写成矩阵形式为

$$\boldsymbol{v}_{P_i} = \boldsymbol{J}_{P_i}\dot{\boldsymbol{x}}_{\mathrm{p}} \tag{2-23}$$

式中

$$\boldsymbol{J}_{P_i} = [\boldsymbol{I}_{3\times3} - \tilde{\boldsymbol{p}}_i] \tag{2-24}$$

同理，连杆 i 的角速度、连杆 i 上缸筒端质心、活塞杆端质心的平动速度也可分别表示为

$$\boldsymbol{\omega}_i = \frac{\boldsymbol{n}_i \times \boldsymbol{v}_{P_i}}{l_i} = \frac{1}{l_i}(\tilde{\boldsymbol{n}}_i \boldsymbol{J}_{P_i}\dot{\boldsymbol{x}}_{\mathrm{p}}) = \frac{1}{l_i}(\tilde{\boldsymbol{n}}_i \boldsymbol{J}_{P_i})\dot{\boldsymbol{x}}_{\mathrm{p}} \tag{2-25}$$

$$\boldsymbol{v}_{1i} = \boldsymbol{\omega}_i \times \boldsymbol{c}_{1i} = -\boldsymbol{c}_{1i} \times \boldsymbol{\omega}_i = \left[-\frac{1}{l_i}(\tilde{\boldsymbol{c}}_{1i}\tilde{\boldsymbol{n}}_i \boldsymbol{J}_{P_i})\right]\dot{\boldsymbol{x}}_{\mathrm{p}} \tag{2-26}$$

$$\begin{aligned}\boldsymbol{v}_{2i} &= -(l_i \boldsymbol{n}_i + \boldsymbol{c}_{2i}) \times \boldsymbol{\omega}_i + \dot{l}_i \boldsymbol{n}_i = \\ &\boldsymbol{e}_{2i} \times \boldsymbol{\omega}_i + \dot{l}_i \boldsymbol{n}_i = \left[\frac{1}{l_i}(\tilde{\boldsymbol{e}}_{2i}\tilde{\boldsymbol{n}}_i \boldsymbol{J}_{P_i}) + \boldsymbol{n}_i \boldsymbol{J}_j\right]\dot{\boldsymbol{x}}_{\mathrm{p}}\end{aligned} \tag{2-27}$$

式中设定

$$\boldsymbol{e}_{2i} = -(l_i \boldsymbol{n}_i + \boldsymbol{c}_{2i}) \tag{2-28}$$

把式(2-25)至式(2-27)结合起来得

$$\dot{\boldsymbol{x}}_{1i} = \begin{bmatrix}\boldsymbol{v}_{1i} \\ \boldsymbol{\omega}_i\end{bmatrix} = \begin{bmatrix} -\frac{1}{l_i}(\tilde{\boldsymbol{c}}_{1i}\tilde{\boldsymbol{n}}_i \boldsymbol{J}_{P_i}) \\ \frac{1}{l_i}(\tilde{\boldsymbol{n}}_i \boldsymbol{J}_{P_i}) \end{bmatrix}\dot{\boldsymbol{x}}_{\mathrm{p}} = \boldsymbol{J}_{1i}\dot{\boldsymbol{x}}_{\mathrm{p}} \tag{2-29}$$

$$\dot{\boldsymbol{x}}_{2i}=\begin{bmatrix}\boldsymbol{v}_{2i}\\ \boldsymbol{\omega}_i\end{bmatrix}=\begin{bmatrix}\dfrac{1}{l_i}(\widetilde{\boldsymbol{e}}_{2i}\widetilde{\boldsymbol{n}}_i\boldsymbol{J}_{P_i})+\boldsymbol{n}_i\boldsymbol{J}_j\\ \dfrac{1}{l_i}(\widetilde{\boldsymbol{n}}_i\boldsymbol{J}_{P_i})\end{bmatrix}\dot{\boldsymbol{x}}_{\mathrm{p}}=\boldsymbol{J}_{2i}\dot{\boldsymbol{x}}_{\mathrm{p}} \tag{2-30}$$

式中，$\dot{\boldsymbol{x}}_{1i}$，$\dot{\boldsymbol{x}}_{2i}$ 分别表示连杆 i 上缸筒端质心处、活塞杆质心处的广义速度；$\boldsymbol{J}_{1i}$，$\boldsymbol{J}_{2i}$ 分别表示 $\dot{\boldsymbol{x}}_{1i}$，$\dot{\boldsymbol{x}}_{2i}$ 到广义速度 $\dot{\boldsymbol{x}}_{\mathrm{p}}$ 的雅可比矩阵。

由式(2-21)、式(2-22)可得到综合质心处广义速度 $\dot{\boldsymbol{x}}_C$ 与广义速度 $\dot{\boldsymbol{x}}_{\mathrm{p}}$ 之间的关系为

$$\dot{\boldsymbol{x}}_C=\begin{bmatrix}\boldsymbol{v}_C\\ \boldsymbol{\omega}_C\end{bmatrix}=\begin{bmatrix}\boldsymbol{v}_C\\ \boldsymbol{\omega}_{\mathrm{p}}\end{bmatrix}=\begin{bmatrix}\boldsymbol{I}_{3\times3} & -\widetilde{\boldsymbol{c}}\\ \boldsymbol{0}_{3\times3} & \boldsymbol{I}_{3\times3}\end{bmatrix}\dot{\boldsymbol{x}}_{\mathrm{p}}=\boldsymbol{J}_C\dot{\boldsymbol{x}}_{\mathrm{p}} \tag{2-31}$$

式中，$\boldsymbol{J}_C$ 表示 $\dot{\boldsymbol{x}}_C$ 到 $\dot{\boldsymbol{x}}_{\mathrm{p}}$ 的雅可比矩阵；$\boldsymbol{0}_{3\times3}$ 表示 3 阶零方阵。

3. 加速度反解分析

式(2-19)对时间求导，得到连杆的伸缩加速度 $\ddot{\boldsymbol{l}}$ 为

$$\ddot{\boldsymbol{l}}=\dot{\boldsymbol{J}}\begin{bmatrix}\boldsymbol{v}_{\mathrm{p}}\\ \boldsymbol{\omega}_{\mathrm{p}}\end{bmatrix}+\boldsymbol{J}\begin{bmatrix}\boldsymbol{a}_{\mathrm{p}}\\ \boldsymbol{\alpha}_{\mathrm{p}}\end{bmatrix} \tag{2-32}$$

式中，$\boldsymbol{a}_{\mathrm{p}}$ 为平台坐标系原点的平动加速度；$\boldsymbol{\alpha}_{\mathrm{p}}$ 为动平台的角加速度；$\dot{\boldsymbol{J}}$ 表示 $\boldsymbol{J}$ 对时间一次求导。

式 (2-20)对时间求导得

$$\dot{\boldsymbol{J}}_j=\frac{\begin{bmatrix}\boldsymbol{\omega}_{\mathrm{p}}\times\boldsymbol{p}_i+\boldsymbol{v}_{\mathrm{p}}\\ \boldsymbol{p}_i\times\boldsymbol{v}_{\mathrm{p}}+(\boldsymbol{\omega}_{\mathrm{p}}\times\boldsymbol{p}_i)\times(\boldsymbol{t}-\boldsymbol{b}_i)\end{bmatrix}^{\mathrm{T}}-\boldsymbol{J}_j\dot{l}_i}{l_i} \tag{2-33}$$

式(2-17)、式(2-18)对时间求导，分别得到连杆 i 上缸筒端、活塞杆端质心处的平动加速度 $\boldsymbol{a}_{1i}$，$\boldsymbol{a}_{2i}$.

$$\boldsymbol{a}_{1i}=\dot{\boldsymbol{v}}_{1i}=\boldsymbol{\alpha}_i\times\boldsymbol{c}_{1i}+\boldsymbol{\omega}_i\times(\boldsymbol{\omega}_i\times\boldsymbol{c}_{1i}) \tag{2-34}$$

$$\boldsymbol{a}_{2i}=\dot{\boldsymbol{v}}_{2i}=\boldsymbol{\alpha}_i\times(l_i\boldsymbol{n}_i+\boldsymbol{c}_{2i})+2\dot{l}_i\boldsymbol{\omega}_i\times\boldsymbol{n}_i+l_i\boldsymbol{\omega}_i\times(\boldsymbol{\omega}_i\times\boldsymbol{n}_i)+\boldsymbol{\omega}_i\times(\boldsymbol{\omega}_i\times\boldsymbol{c}_{2i})+\ddot{l}_i\boldsymbol{n}_i \tag{2-35}$$

式(2-16)对时间求导，得到杆 i 的转动角加速度为

$$\boldsymbol{\alpha}_i=\frac{1}{l_i^2}[((\boldsymbol{\omega}_i\times\boldsymbol{n}_i)\times\boldsymbol{v}_{P_i}+\boldsymbol{n}_i\times\dot{\boldsymbol{v}}_{P_i})l_i-(\boldsymbol{n}_i\times\boldsymbol{v}_{P_i})\dot{l}_i] \tag{2-36}$$

式(2-12)对时间求导，得到上铰点 P_i 的加速度为

$$\dot{\boldsymbol{v}}_{P_i}=\boldsymbol{a}_{\mathrm{p}}+\boldsymbol{\alpha}_{\mathrm{p}}\times\boldsymbol{p}_i+\boldsymbol{\omega}_{\mathrm{p}}\times(\boldsymbol{\omega}_{\mathrm{p}}\times\boldsymbol{p}_i) \tag{2-37}$$

式(2-21)对时间求导，得到综合质心 C 处的加速度 $\boldsymbol{a}_C$ 为

$$\boldsymbol{a}_C=\dot{\boldsymbol{v}}_C=\boldsymbol{a}_{\mathrm{p}}+\boldsymbol{\alpha}_{\mathrm{p}}\times\boldsymbol{c}+\boldsymbol{\omega}_{\mathrm{p}}\times(\boldsymbol{\omega}_{\mathrm{p}}\times\boldsymbol{c}) \tag{2-38}$$

2.2 动力学反解分析

为使建立的动力学模型表达式紧凑，把作用于各质心处的力合并为六维的广义力。

作用在动平台与负载综合质心处的广义力 $\boldsymbol{F}_C$ 为

$$\boldsymbol{F}_C=\begin{bmatrix}\hat{\boldsymbol{f}}_C\\ \hat{\boldsymbol{n}}_C\end{bmatrix}=\begin{bmatrix}\boldsymbol{f}_{\mathrm{e}}+m_C\boldsymbol{g}-m_C\boldsymbol{a}_C\\ \boldsymbol{n}_{\mathrm{e}}-\boldsymbol{I}_C\boldsymbol{\alpha}_{\mathrm{p}}-\boldsymbol{\omega}_{\mathrm{p}}\times(\boldsymbol{I}_C\boldsymbol{\omega}_{\mathrm{p}})\end{bmatrix}\tag{2-39}$$

式中，$\hat{\boldsymbol{f}}_C$，$\hat{\boldsymbol{n}}_C$ 分别为作用在综合质心处的力、力矩；$\boldsymbol{g}$ 为重力加速度矢量；$\boldsymbol{f}_{\mathrm{e}}$，$\boldsymbol{n}_{\mathrm{e}}$ 分别为加到综合质心处的外力与外力矩；m_C 为动平台与负载联合质量；$\boldsymbol{I}_C=\boldsymbol{R}^{O_1}\boldsymbol{I}_C\boldsymbol{R}^T$，其中 ${}^{O_1}\boldsymbol{I}_C$ 表示动平台与负载联合体相对于综合质心处的惯量矩阵，且是在动平台上体坐标系 O_1-uvw 中表示的。

作用在连杆 i 上缸筒端质心处、活塞杆端质心处的广义力 $\boldsymbol{F}_{1i}$，$\boldsymbol{F}_{2i}$ 分别为

$$\boldsymbol{F}_{1i}=\begin{bmatrix}\hat{\boldsymbol{f}}_{1i}\\ \hat{\boldsymbol{n}}_{1i}\end{bmatrix}=\begin{bmatrix}m_1\boldsymbol{g}-m_1\boldsymbol{a}_{1i}\\ -\boldsymbol{I}_{1i}\boldsymbol{\alpha}_i-\boldsymbol{\omega}_i\times(\boldsymbol{I}_{1i}\boldsymbol{\omega}_i)\end{bmatrix}\tag{2-40}$$

$$\boldsymbol{F}_{2i}=\begin{bmatrix}\hat{\boldsymbol{f}}_{2i}\\ \hat{\boldsymbol{n}}_{2i}\end{bmatrix}=\begin{bmatrix}m_2\boldsymbol{g}-m_2\boldsymbol{a}_{2i}\\ -\boldsymbol{I}_{2i}\boldsymbol{\alpha}_i-\boldsymbol{\omega}_i\times(\boldsymbol{I}_{2i}\boldsymbol{\omega}_i)\end{bmatrix}\tag{2-41}$$

式中，$\hat{\boldsymbol{f}}_{1i}$，$\hat{\boldsymbol{n}}_{1i}$ 分别表示作用于连杆 i 上缸筒端质心处的力、力矩；$\hat{\boldsymbol{f}}_{2i}$，$\hat{\boldsymbol{n}}_{2i}$ 分别表示作用于杆 i 上活塞杆端质心处的力、力矩；$\boldsymbol{I}_{1i}=\boldsymbol{R}_i{}^{B_i}\boldsymbol{I}_1\boldsymbol{R}_i^{\mathrm{T}}$，$\boldsymbol{I}_{2i}=\boldsymbol{R}_i{}^{P_i}\boldsymbol{I}_2\boldsymbol{R}_i^{\mathrm{T}}$，其中 ${}^{B_i}\boldsymbol{I}_1$，${}^{P_i}\boldsymbol{I}_2$ 分别为缸筒端、活塞杆端相对于各自质心处的惯量矩阵，且分别是在杆 i 上的体坐标系 $B_i-x_iy_iz_i$，$P_i-x_iy_iz_i$ 中表示的。

运用于动力学分析的虚功原理为：作用在多刚体系统中的主动力、主动力矩与惯性力、惯性力矩所做的虚功之和为零[5-7]，则有

$$\delta\boldsymbol{l}^{\mathrm{T}}\boldsymbol{\tau}+\delta\boldsymbol{x}_C^{\mathrm{T}}\boldsymbol{F}_C+\sum_{j=1}^{6}(\delta\boldsymbol{x}_{1j}^{\mathrm{T}}\boldsymbol{F}_{1j}+\delta\boldsymbol{x}_{2j}^{\mathrm{T}}\boldsymbol{F}_{2j})=0\tag{2-42}$$

式中，$\boldsymbol{\tau}=[\tau_1\quad\tau_2\quad\tau_3\quad\tau_4\quad\tau_5\quad\tau_6]^{\mathrm{T}}$ 为各个连杆的驱动力所组成的矢量。

根据虚位移的性质可知，虚位移之间的关系满足于微分的关系[6-7]，则由前面的分析可得

$$\begin{aligned}\delta\boldsymbol{l}=\boldsymbol{J}\delta\boldsymbol{x}_{\mathrm{P}},\quad \delta\boldsymbol{x}_{1j}=\boldsymbol{J}_{1j}\delta\boldsymbol{x}_{\mathrm{P}}\\ \delta\boldsymbol{x}_{2j}=\boldsymbol{J}_{2j}\delta\boldsymbol{x}_{\mathrm{P}},\quad \delta\boldsymbol{x}_C=\boldsymbol{J}_C\delta\boldsymbol{x}_{\mathrm{P}}\end{aligned}\tag{2-43}$$

式中，$\boldsymbol{x}_{\mathrm{p}}$ 表示控制点的位置与姿态组成的六维向量。

把式(2-43)代入式(2-42)中，可得

$$\delta\boldsymbol{x}_{\mathrm{p}}^{\mathrm{T}}\left[\boldsymbol{J}^{\mathrm{T}}\boldsymbol{\tau}+\boldsymbol{J}_C^{\mathrm{T}}\boldsymbol{F}_C+\sum_{j=1}^{6}(\boldsymbol{J}_{1j}^{\mathrm{T}}\boldsymbol{F}_{1j}+\boldsymbol{J}_{2j}^{\mathrm{T}}\boldsymbol{F}_{2j})\right]=0\tag{2-44}$$

因为对任意的虚位移都成立，所以有

$$\boldsymbol{J}^{\mathrm{T}}\boldsymbol{\tau}+\boldsymbol{J}_C^{\mathrm{T}}\boldsymbol{F}_C+\sum_{j=1}^{6}(\boldsymbol{J}_{1j}^{\mathrm{T}}\boldsymbol{F}_{1j}+\boldsymbol{J}_{2j}^{\mathrm{T}}\boldsymbol{F}_{2j})=0\tag{2-45}$$

当雅可比矩阵 $\boldsymbol{J}$ 不奇异时，可求得连杆的驱动力为

$$\boldsymbol{\tau}=-\boldsymbol{J}^{-\mathrm{T}}\left[\boldsymbol{J}_C^{\mathrm{T}}\boldsymbol{F}_C+\sum_{j=1}^{6}(\boldsymbol{J}_{1j}^{\mathrm{T}}\boldsymbol{F}_{1j}+\boldsymbol{J}_{2j}^{\mathrm{T}}\boldsymbol{F}_{2j})\right] \tag{2-46}$$

对于重负载 6-UPS 型 Gough-Stewart 平台，可以将活塞杆和缸筒端质量忽略。这样 Gough-Stewart 平台就可看成一个单刚体系统[4]。把式(2-46)中的 $\boldsymbol{F}_{1i}$，$\boldsymbol{F}_{2i}$ 置为零，得到简化关系式为

$$\boldsymbol{\tau}=-\boldsymbol{J}^{-\mathrm{T}}\boldsymbol{J}_C^{\mathrm{T}}\boldsymbol{F}_C \tag{2-47}$$

2.3　仿真分析与验证

Thomas Geike 等人[8]为了验证他们所建立的动力学模型的正确性，采用了 Tsai[5]所给的仿真例子，本节中也用这些仿真例子来验证所推导的公式的正确性。设立的参数如下：

${}^{O_1}\boldsymbol{p}_i$ 表示上铰点 P_i 到原点 O_1 的位置矢量，且是在平台坐标系中表示的；原点 O_1 设在动平台与负载的综合质心处，即图 2-1 中的 $\boldsymbol{c}=0$；重力加速度为 $\boldsymbol{g}=[0\quad 0\quad -9.807]^{\mathrm{T}}\mathrm{m/s^2}$。

$\boldsymbol{b}_1=[-2.12\quad 1.374\quad 0]^{\mathrm{T}}\mathrm{m}$；

$\boldsymbol{b}_2=[-2.38\quad 1.224\quad 0]^{\mathrm{T}}\mathrm{m}$；

$\boldsymbol{b}_3=[-2.38\quad -1.224\quad 0]^{\mathrm{T}}\mathrm{m}$；

$\boldsymbol{b}_4=[-2.12\quad -1.374\quad 0]^{\mathrm{T}}\mathrm{m}$；

$\boldsymbol{b}_5=[0\quad -0.15\quad 0]^{\mathrm{T}}\mathrm{m}$；

$\boldsymbol{b}_6=[0\quad 0.15\quad 0]^{\mathrm{T}}\mathrm{m}$；

${}^{O_1}\boldsymbol{p}_1=[0.17\quad 0.595\quad -0.4]^{\mathrm{T}}\mathrm{m}$；

${}^{O_1}\boldsymbol{p}_2=[-0.6\quad 0.15\quad -0.4]^{\mathrm{T}}\mathrm{m}$；

${}^{O_1}\boldsymbol{p}_3=[-0.6\quad -0.15\quad -0.4]^{\mathrm{T}}\mathrm{m}$；

${}^{O_1}\boldsymbol{p}_4=[0.17\quad -0.595\quad -0.4]^{\mathrm{T}}\mathrm{m}$；

${}^{O_1}\boldsymbol{p}_5=[0.43\quad -0.445\quad -0.4]^{\mathrm{T}}\mathrm{m}$；

${}^{O_1}\boldsymbol{p}_6=[0.43\quad 0.445\quad -0.4]^{\mathrm{T}}\mathrm{m}$；

${}^{B_i}\boldsymbol{c}_1=[0\quad 0\quad 0.5]^{\mathrm{T}}\mathrm{m}$；

${}^{P_i}\boldsymbol{c}_2=[0\quad 0\quad -0.5]^{\mathrm{T}}\mathrm{m}$；

$m_C=1.5\ \mathrm{kg}$；$m_1=m_2=0.1\ \mathrm{kg}$；

${}^{O_1}\boldsymbol{I}_C=\mathrm{diag}[0.08\quad 0.08\quad 0.08]\ \mathrm{kg\cdot m^2}$；

${}^{P_i}\boldsymbol{I}_2={}^{B_i}\boldsymbol{I}_1=\mathrm{diag}[0.006\,25\quad 0.006\,25\quad 0]\ \mathrm{kg\cdot m^2}$；

${}^{P_i}\boldsymbol{I}_2={}^{B_i}\boldsymbol{I}_1=\mathrm{diag}[0.006\,25\quad 0.006\,25\quad 0]\ \mathrm{kg\cdot m^2}$。

考虑六自由度平台作如下所示的运动：

$$\begin{bmatrix}\varphi\\ \theta\\ \psi\end{bmatrix}=\begin{bmatrix}0\\0\\0\end{bmatrix},\quad \boldsymbol{t}=\begin{bmatrix}-1.5+0.2\sin(\omega t)\\ 0.2\sin(\omega t)\\ 1.0+0.2\sin(\omega t)\end{bmatrix}\mathrm{m},\quad \omega=3\mathrm{rad/s}$$

仿真结果如图 2－4 所示。

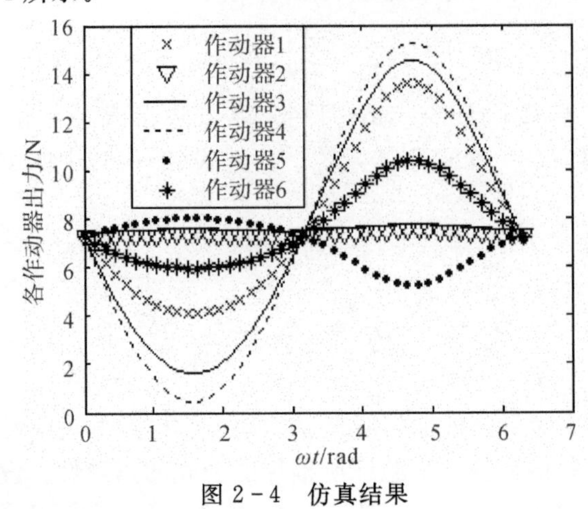

图 2－4　仿真结果

图 2－4 所示的仿真实例的计算结果与文献[5,8]完全相同，从而验证了文中所建立 Gough-Stewart 平台的动力学反解模型是正确的。

2.4　补 充 说 明

章标题中"简化"是指对于 6-UPS 型 Gough-Stewart 平台建模时，基于假设"支路中角速度没有沿其轴线方向的转动分量，且支路中角速度与支路轴线方向垂直"，但真实的 6-UPS 型 Gough-Stewart 平台有沿其轴线方向转动角速度分量，其支路中角速度不一定与支路轴线方向垂直[9]。为了建立 6-UPS 型 Gough-Stewart 平台的完整模型，也需要考虑虎克铰转轴布置方向的影响[10]，如 Martínez 与 Duffy[11] 运用螺旋理论建立了 6-UPS 型 Gough-Stewart 平台完整的运动学关系式。Gallardo 等人[12] 运用螺旋理论与影响系数法建立了 6-UPS 型 Gough-Stewart 平台完整的运动学，并运用虚功原理建立了其动力学模型。Harib 等人[13] 运用牛顿-欧拉法，考虑摩擦力的影响，建立了 6-UPS 型 Gough-Stewart 平台的完整运动学和完整动力学模型。Pedrammehr 等人[14] 考虑虎克铰的影响，建立了 6-UPS 并联机器人的完整运动学模型，并利用牛顿-欧拉法建立了其完整动力学模型。

本书不对 6-UPS 型 Gough-Stewart 平台的完整运动学和完整动力学反解进行分析(考虑支路中有轴线方向转动角速度分量的影响)，因为用于实际工程中的电动和液压驱动的 Gough-Stewart 平台一般采用 6-UCU 型 Gough-Stewart 平台(详见第 1 章绪论中的内容)。我们将在第 3 章中对 6－UCU 型 Gough-Stewart 平台的完整运动学和动力学反解进行分析。同时，6-UPS 型 Gough-Stewart 平台的完整运动学与完整动力学建模方法将与 6-UCU 型 Gough-Stewart 平台的完整运动学和动力学反解模型分析相似。若需要建立 6-UPS 型 Gough-Stewart 平台的完整运动学和完整动力学反解模型，请参考文献[13]与[14]。

章标题中"简化"也指 6-UCU 型 Gough-Stewart 平台若按本章建立的模型进行分析，得到的驱动力大小与按 6-UCU 型 Gough-Stewart 平台的完整运动学和动力学反解模型得到的结果相差很小，一般情况下可以忽略(具体的分析将在第 3 章中介绍)，所以很多文章中采用这个简化模型进行基于模型的控制研究以及设计等都是适用的。

参考文献

[1] 刘国军，郑淑涛，韩俊伟. Gough-Stewart 平台通用动力学反解分析[J]. 华南理工大学学报(自然科学版)，2011，39(4):70-75.

[2] Merlet J，Pierrot F. Modeling of Parallel Robots[M]// Modeling，Performance Analysis and Control of Robot Manipulators. Galifornia：ISTE，2007:81-139.

[3] Koekerakker S H. Model Based Control of a Flight Simulator Motion System [D]. Delft：Delft University of Technology，2001:36 - 37.

[4] 何景峰. 液压驱动六自由度并联机器人特性及其控制策略研究 [D]. 哈尔滨:哈尔滨工业大学，2007:25.

[5] Tsai L W. Solving the Inverse Dynamics of a Stewart-Gough Manipulator by the Principle of Virtual Work [J]. Journal of Mechanical Design，2000，122(3)：3-9.

[6] Thomson William T，Dahleh Marie Dillon. Theory of Vibration with Applications [M]. 5th ed. Beijing：Tsinghua University Press，2005:25.

[7] Shabana Ahmed A. Computational Dynamics [M]. 2nd ed. New York：JOHN WILER & SONS，INC，2001:268 - 273.

[8] Geike T，McPhee J. Inverse Dynamic Analysis of Parallel Manipulators with Full Mobility [J]. Mechanism and Machine Theory，2003，38(6):549-562.

[9] Vakil M，Pendar H，Zohoor H. Comments to the:"Closed-form Dynamic Equations of the General Stewart Platform Through the Newton-Euler Approach" and "A Newton-Euler Formulation for the Inverse Dynamics of the Stewart Platform Manipulator"[J]. Mechanism and Machine Theory，2008，43(10)：1349-1351.

[10] Afroun M，Dequidt A，Vermeiren L. Revisiting the Inverse Dynamics of the Gough-Stewart Platform Manipulator with Special Emphasis on Universal-Prismatic-Spherical Leg and Internal Singularity[J]. Proceedings of the Institution of Mechanical Engineers，Part C：Journal of Mechanical Engineering Science，2012，226 (10)：2422-2439.

[11] Martínez J M R，Duffy J. Forward and Inverse Acceleration Analyses of in-Parallel Manipulators[J]. Journal of Mechanical Design，2000，122：299-303.

[12] Gallardo J，Rico J M，Frisoli A，et al. Dynamics of Parallel Manipulators by Means of Screw Theory[J]. Mechanism and Machine Theory，2003，38(11)：1113-1131.

[13] Harib K，Srinivasan K. Kinematic and Dynamic Analysis of Stewart Platform-Based

Machine Tool Structures[J]. Robotica，2003,21:541-554.

[14] Pedrammehr S，Mahboubkhah M，Khani N. Improved Dynamic Equations for the Generally Configured Stewart Platform Manipulator[J]. Journal of Mechanical Science and Technology，2012，26 (3)：711-721.

第3章　6-UCU型Gough-Stewart平台完整运动学与动力学反解分析

3.1　引　　言

并联机器人的运动学与动力学反解分析是并联机器人进行设计的基础。由第1章中得知：Gough-Stewart平台用作六自由度运动模拟器时一般采用虎克铰把液压缸或电动缸连接于动平台和静平台上。由于液压缸和电动缸中的活塞杆不仅沿轴线方向作直线主动运动，还绕轴线方向被动地转动，即为圆柱副，而不是移动副，从而整个六自由度运动模拟器是6-UCU(U代表虎克铰，C代表圆柱副)并联机器人，而不是6-UPS(P代表移动副，S代表球铰)并联机器人。Gough-Stewart平台不仅作为六自由度运动模拟器时采用6-UCU结构，作为其他应用时也有采用，详细内容见第1章。

很多学者首先把6-UCU型Gough-Stewart平台固定于动平台上的虎克铰和作动器绕其轴线方向的被动转动等效为一个球铰，然后按照下铰为虎克铰、中间为移动副的6-UPS型Gough-Stewart平台进行了运动学和动力学分析。如Koekerakker[1]、何景峰[2]、代小林等人[3]忽略作动器绕其轴线方向的转动对运动学和动力学的影响，利用Kane法进行了建模；郭洪波[4]综合运用Newton-Euler法和Lagrange方法进行了建模。上述文献把6-UCU型Gough-Stewart平台固定于动平台上的虎克铰和作动器等效为一个球铰与一个主动移动副的组合。但只有当作动器的轴线方向与动平台上的虎克铰两个转轴方向同时垂直时，固定于动平台上的虎克铰和作动器绕轴线方向的转动组合才与球铰是一致的。实际上作动器的轴线方向一般与动平台上的虎克铰两个转轴方向不同时垂直。

本章将首先基于上下铰都采用虎克铰、中间采用圆柱副的实际结构形式，对6-UCU型Gough-Stewart平台进行建模，得到其完整运动学反解模型和完整动力学反解模型，通过一个仿真实例来验证本章所建立的完整运动学反解模型和完整动力学反解模型的正确性。最后将进一步通过实例分析采用完整动力学模型和采用忽略6-UPS型Gough-Stewart平台中作动器绕其轴线方向的转动对运动学和动力学的影响建立的简化动力学模型计算作动器出力的差别。

本章内容是以笔者攻读博士学位期间发表的论文[5]为基础进行研究的。

3.2 系统描述

6-UCU 型 Gough-Stewart 平台由 1 个动平台、1 个静平台与 6 个支路组成，如图 3－1 所示。每个支路都由 1 个缸筒与 1 个活塞杆及活塞通过圆柱副连接而成。第 i 个支路中活塞杆端通过上虎克铰 P_i（ P_i 表示第 i 个上虎克铰铰点中心）连接于动平台上，同时缸筒端通过下虎克铰 B_i（ B_i 表示第 i 个下虎克铰铰点中心）连接于静平台上，其中 $i=1,\cdots,6$ 。为了能适用于各种场合(如坦克运动模拟平台有时规定控制点在炮的顶端)，把控制点 O_L 设置为动平台上的任意一点。为了分析需要，建立体坐标系{ $\mathbf{L}$ }与惯性坐标系{ $\mathbf{W}$ }。直角坐标系 $O_L - X_LY_LZ_L$ 为体坐标系{ $\mathbf{L}$ }，其坐标系原点为控制点 O_L 。直角坐标系 $O_W - X_WY_WZ_W$ 为惯性坐标系{ $\mathbf{W}$ }，其坐标系原点为 O_W 。当在中位时，坐标系{ $\mathbf{L}$ }与{ $\mathbf{W}$ }重合。

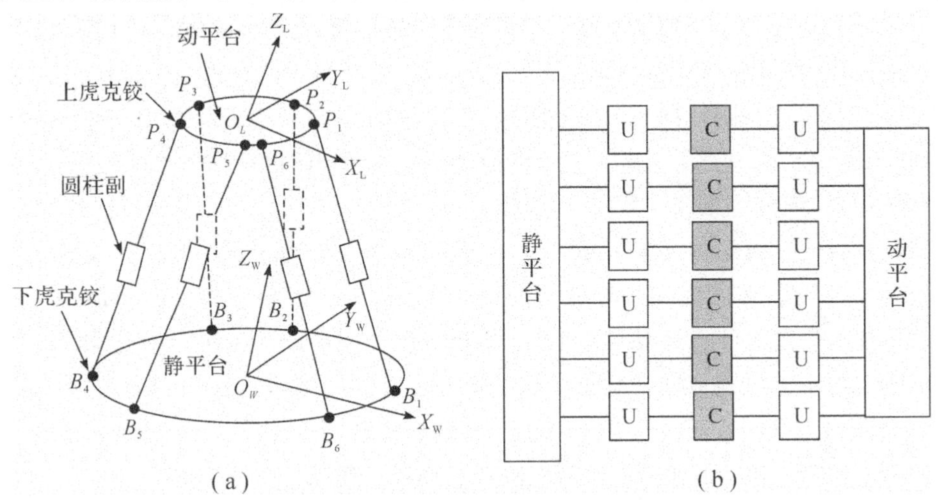

图 3－1　6-UCU 型 Gough-Stewart 平台

(a)坐标示意图；(b)布局图(layout graph)

6 个上铰点 P_i 连线构成一个对称六边形，6 个下铰点 B_i 连线也构成一个对称六边形，上、下铰点分别在两个不同的圆上，如图 3－2 所示。上铰点 P_i 构成的圆以点 O_1 为圆心，半径长度定义为 r_P ，如图 3－2(a)所示。下铰点 B_i 构成的圆以点 O 为圆心，半径长度定义为 r_B ，如图 3－2(b)所示。为了分析与设计得方便，以上铰圆圆心 O_1 与下铰圆圆心 O 为原点，分别建立体坐标系{ $\mathbf{L}_1$ }与{ $\mathbf{W}_1$ }。体坐标系{ $\mathbf{L}_1$ }(即新坐标系 $O_1\text{-}X_1Y_1Z_1$)中三个轴线方向与直角坐标系 $O_L\text{-}X_LY_LZ_L$ 对应的三个轴线方向分别平行。坐标系{ $\mathbf{W}_1$ }(即新坐标系 $O-XYZ$)中三个轴线方向与直角坐标系 $O_W\text{-}X_WY_WZ_W$ 对应的三个轴线方向分别平行。在坐标系{ $\mathbf{L}_1$ }中，Z_1 轴垂直于由上铰点 P_i 构成的平面，X_1 轴穿过铰点 P_6 与 P_1 构成长边连线的中点，如图 3－2(a)所示。上铰点连线 P_i 构成对称六边形的 3 条短边相等，短边长度记为 d_P 。对称六边形的 3 条长边也相等。在坐标系{ $\mathbf{W}_1$ }中，Z 轴垂直于由下铰点 B_i 构成的平面，X 轴穿过铰

点 B_6 与 B_1 构成短边连线的中点，如图 3-2(b)所示。下铰点 B_i 连线构成对称六边形的 3 条短边相等，短边长度记作为 d_B 。对称六边形的 3 条长边也相等。短边和相邻长边组成的圆心角为120°，即 $\angle P_1O_1P_3 = \angle P_3O_1P_5 = \angle P_5O_1P_1 = 120°$，$\angle B_1OB_3 = \angle B_3OB_5 = \angle B_5OB_1 = 120°$ 。

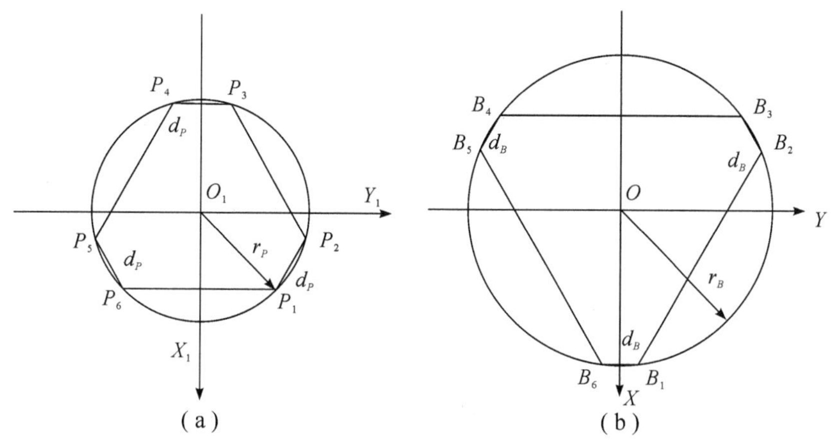

图 3-2　铰点位置示意图

(a)上铰点；(b)下铰点

设定点 O_1 在坐标系{ **L** }中的位置矢量为 ${}^L\boldsymbol{w}$，点 O 在坐标系{ **W** }中的位置矢量为 $\boldsymbol{w}_1$ 。并作如下规定：当文中矢量没有左上标时，表明是在惯性坐标系{ **W** }中表示的；当在其他体坐标系中表示时，则在其左上角标示其坐标系的名称。

根据上、下铰点布置的对称性和上面的定义，可得到上、下铰点分别在坐标系{ **L** }与坐标系{ **W** }中的位置矢量为

$$ {}^L\boldsymbol{p}_i = [r_P\cos\theta_{Pi} \quad r_P\sin\theta_{Pi} \quad 0]^{\mathrm{T}} + {}^L\boldsymbol{w} \tag{3-1} $$

$$ \boldsymbol{b}_i = [r_B\cos\theta_{Bi} \quad r_B\sin\theta_{Bi} \quad 0]^{\mathrm{T}} + \boldsymbol{w}_1 \tag{3-2} $$

式中[6]

$$ \boldsymbol{\theta}_P = [\theta_{P1} \quad \theta_{P2} \quad \theta_{P3} \quad \theta_{P4} \quad \theta_{P5} \quad \theta_{P6}]^{\mathrm{T}} = \left[\eta_P \quad \left(\frac{2\pi}{3} - \eta_P\right) \quad \left(\frac{2\pi}{3} + \eta_P\right) \quad \left(\frac{4\pi}{3} - \eta_P\right) \quad \left(\frac{4\pi}{3} + \eta_P\right) \quad -\eta_P\right]^{\mathrm{T}} $$

$$ \boldsymbol{\theta}_B = [\theta_{B1} \quad \theta_{B2} \quad \theta_{B3} \quad \theta_{B4} \quad \theta_{B5} \quad \theta_{B6}]^{\mathrm{T}} = \left[\eta_B \quad \left(\frac{2\pi}{3} - \eta_B\right) \quad \left(\frac{2\pi}{3} + \eta_B\right) \quad \left(\frac{4\pi}{3} - \eta_B\right) \quad \left(\frac{4\pi}{3} + \eta_B\right) \quad -\eta_B\right]^{\mathrm{T}} $$

式中　η_P ——上铰点长边所对应上铰圆中圆心角的大小，$\eta_P = \dfrac{\pi}{3} - \arcsin\left(\dfrac{d_P}{2r_P}\right)$；

η_B ——下铰点短边所对应下铰圆中圆心角的大小，$\eta_B = \arcsin\left(\dfrac{d_B}{2r_B}\right)$；

$\boldsymbol{b}_i$ ——下铰点 B_i 在坐标系 {**W**} 中的位置矢量；

${}^L\boldsymbol{p}_i$——上铰点 P_i 在坐标系 {**L**} 中的位置矢量；

T——矩阵转置；

θ_{Pi} ——坐标系 {L} 中从原点 O_1 到上铰点 P_i 连线与 X_1 轴正方向夹角的大小；

θ_{Bi} ——坐标系 {W} 中从原点 O 到下铰点 B_i 连线与 X 轴正方向夹角的大小；

$\boldsymbol{\theta}_P$ ——坐标系 { L } 中从原点 O_1 到 6 个上铰点 P_i 连线与 X_1 轴正方向夹角大小构成的列向量。

$\boldsymbol{\theta}_B$ ——坐标系 {W} 中从原点 O 到 6 个下铰点 B_i 与 X 轴正方向夹角大小构成的列向量。

为了考虑上、下虎克铰的轴线布置形式对 6-UCU 型 Gough-Stewart 平台各个组成部分的运动状况和受力状况分析的需要，在第 i 个支路中，给出下面的规定(见图 3-3)：虎克铰 B_i 中固定于定平台上的转轴轴线单位矢量方向定义为 $\boldsymbol{s}_{0i}$ ，固定于缸筒上的转轴轴线单位矢量方向定义为 $\boldsymbol{s}_{1i}$；$\boldsymbol{n}_{1i}$ 与 $\boldsymbol{n}_{2i}$ 分别为缸筒和活塞杆的轴线单位矢量方向，且有 $\boldsymbol{n}_{1i}=\boldsymbol{n}_{2i}$ ；虎克铰 P_i 中固定于活塞杆上的转轴轴线单位矢量方向定义为 $\boldsymbol{s}_{2i}$ ，固定于动平台上转轴的轴线单位矢量方向定义为 $\boldsymbol{s}_{3i}$ ；以上铰点 P_i 为原点，在活塞杆上建立体坐标系 {$\mathbf{P}_i$}（即直角坐标系 P_i-$X_{1i}Y_{1i}Z_{1i}$ ）；定义体坐标系 {$\mathbf{P}_i$} 中的 X_{1i} 轴线单位矢量方向为 $\hat{\boldsymbol{x}}_{1i}$ ，且有 $\hat{\boldsymbol{x}}_{1i}=\boldsymbol{s}_{2i}$ ，Z_{1i} 轴线单位矢量方向为 $\hat{\boldsymbol{z}}_{1i}$ ，且有 $\hat{\boldsymbol{z}}_{1i}=\boldsymbol{n}_{2i}$ ，Y_{1i} 轴线单位矢量方向为 $\hat{\boldsymbol{y}}_{1i}$（由右手定则得到）；以下铰点 B_i 为原点，在缸筒上建立体坐标系 {$\mathbf{B}_i$}（即直角坐标系 B_i-$X_iY_iZ_i$ ）；定义体坐标系 {$\mathbf{B}_i$} 中的 X_i 轴线单位矢量方向为 $\hat{\boldsymbol{x}}_i$ ，且有 $\hat{\boldsymbol{x}}_i=\boldsymbol{s}_{1i}$ ，Z_i 轴线单位矢量方向为 $\hat{\boldsymbol{z}}_i$ ，且有 $\hat{\boldsymbol{z}}_i=\boldsymbol{n}_{1i}$ ，Y_i 轴线单位矢量方向为 $\hat{\boldsymbol{y}}_i$（由右手定则得到）。

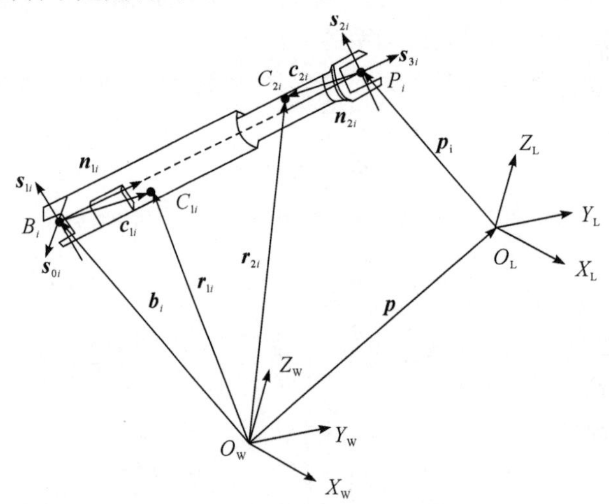

图 3-3　第 i 个支路示意图

3.3　完整运动学反解分析

在给出 6-UCU 型 Gough-Stewart 平台运行工况的前提下，求解各个支路中作动器的伸缩长度、伸缩速度和伸缩加速度，称为运动学反解分析[7]。

3.3.1 位姿描述

6-UCU 型 Gough-Stewart 平台的六维位姿 $\boldsymbol{q}=[q_1 \quad q_2 \quad q_3 \quad \varphi \quad \theta \quad \psi]^{\mathrm{T}}$ 由三个平移分量 q_1，q_2，q_3 与三个转动分量 φ，θ，ψ 描述。其中 q_1，q_2，q_3 表示控制点 O_L 在惯性坐标系 {W} 中的位置矢量 $\boldsymbol{p}=[q_1 \quad q_2 \quad q_3]^{\mathrm{T}}$ 分别沿轴线 X_W，Y_W 和 Z_W 的投影；φ，θ，ψ 分别表示采用 ZYX 欧拉角描述动平台上体坐标系 {L} 相对于惯性坐标系 {W} 转动的横摇角、纵摇角和偏航角的大小[1, 2, 8]。用矩阵 $\boldsymbol{R}$ 表示体坐标系 {L} 在惯性坐标系 {W} 中的旋转矩阵，则有[1, 2, 8]

$$\boldsymbol{R}=\begin{bmatrix} \mathrm{c}\psi\mathrm{c}\theta & \mathrm{c}\psi\mathrm{s}\theta\mathrm{s}\phi-\mathrm{s}\psi\mathrm{c}\phi & \mathrm{s}\psi\mathrm{s}\phi+\mathrm{c}\psi\mathrm{s}\theta\mathrm{c}\phi \\ \mathrm{s}\psi\mathrm{c}\theta & \mathrm{c}\psi\mathrm{c}\phi+\mathrm{s}\psi\mathrm{s}\theta\mathrm{s}\phi & \mathrm{s}\psi\mathrm{s}\theta\mathrm{c}\phi-\mathrm{c}\psi\mathrm{c}\phi \\ -\mathrm{s}\theta & \mathrm{c}\theta\mathrm{s}\phi & \mathrm{c}\theta\mathrm{c}\phi \end{bmatrix} \tag{3-3}$$

式中，$\mathrm{s}\psi$ 表示 $\sin\psi$；$\mathrm{c}\psi$ 表示 $\cos\psi$，其余依此类推。

根据旋转矩阵的定义，可得到动平台角速度与欧拉角对时间的变化率之间的关系为[1, 2, 8]

$$\boldsymbol{\omega}_P=\begin{bmatrix} \mathrm{c}\psi\mathrm{c}\theta & -\mathrm{s}\psi & 0 \\ \mathrm{s}\psi\mathrm{c}\theta & \mathrm{c}\psi & 0 \\ -\mathrm{s}\theta & 0 & 1 \end{bmatrix}\begin{bmatrix} \dot{\phi} \\ \dot{\theta} \\ \dot{\psi} \end{bmatrix} \tag{3-4}$$

式中 $\boldsymbol{\omega}_P$ ——动平台在惯性坐标系 {W} 中的角速度矢量；

$\dot{\phi}$ —— ϕ 对时间的一次导数；

$\dot{\theta}$ —— θ 对时间的一次导数；

$\dot{\psi}$ —— ψ 对时间的一次导数。

式(3-4)对时间求导，得到

$$\boldsymbol{\alpha}_P=\begin{bmatrix} -\dot{\psi}\mathrm{s}\psi\mathrm{c}\theta-\dot{\theta}\mathrm{c}\psi\mathrm{s}\theta & -\dot{\psi}\mathrm{c}\psi & 0 \\ \dot{\psi}\mathrm{c}\psi\mathrm{c}\theta-\dot{\theta}\mathrm{s}\psi\mathrm{s}\theta & -\dot{\psi}\mathrm{s}\psi & 0 \\ -\dot{\theta}\mathrm{c}\theta & 0 & 0 \end{bmatrix}\begin{bmatrix} \dot{\phi} \\ \dot{\theta} \\ \dot{\psi} \end{bmatrix}+\begin{bmatrix} \mathrm{c}\psi\mathrm{c}\theta & -\mathrm{s}\psi & 0 \\ \mathrm{s}\psi\mathrm{c}\theta & \mathrm{c}\psi & 0 \\ -\mathrm{s}\theta & 0 & 1 \end{bmatrix}\begin{bmatrix} \ddot{\phi} \\ \ddot{\theta} \\ \ddot{\psi} \end{bmatrix} \tag{3-5}$$

式中 $\boldsymbol{\alpha}_P$ ——动平台在惯性坐标系 {W} 中的角加速度矢量；

$\ddot{\phi}$ —— ϕ 对时间的二次导数；

$\ddot{\theta}$ —— θ 对时间的二次导数；

$\ddot{\psi}$ —— ψ 对时间的二次导数。

3.3.2 位置反解分析

根据位置矢量关系（见图 3-3），可得到支路 i 中的上铰点 P_i 在惯性坐标系 {W} 中的位置矢量为

$$\boldsymbol{p}+\boldsymbol{p}_i=\boldsymbol{b}_i+l_{1i}\boldsymbol{n}_{1i}+l_{2i}\boldsymbol{n}_{2i} \tag{3-6}$$

式中　$\boldsymbol{p}_i$ ——上铰点 P_i 在体坐标系 {L} 中的位置矢量 ${}^L\boldsymbol{p}_i$ 在惯性坐标系 {W} 中的表示，有 $\boldsymbol{p}_i=\boldsymbol{R}^L\boldsymbol{p}_i$；

$\boldsymbol{p}$ ——动平台上控制点 O_L 在坐标系 {W} 中的位置矢量；

l_{1i} ——支路 i 中作动器从点 B_i 到活塞下端面的轴向距离，是一个变化量；

l_{2i} ——支路 i 中作动器从点 P_i 到活塞下端面的轴向距离，是一个固定值。

在支路 i 中，作动器从点 B_i 到 P_i 的轴向距离为

$$l_i=l_{1i}+l_{2i} \tag{3-7}$$

式中　l_i ——支路 i 中作动器从点 B_i 到 P_i 的轴向距离。

由式(3-6)与式(3-7)，得到 l_i 的值为

$$l_i=\sqrt{(\boldsymbol{p}+\boldsymbol{p}_i-\boldsymbol{b}_i)^{\mathrm{T}}(\boldsymbol{p}+\boldsymbol{p}_i-\boldsymbol{b}_i)} \tag{3-8}$$

得到支路 i 中作动器的轴线方向单位矢量为

$$\boldsymbol{n}_i=\boldsymbol{n}_{1i}=\boldsymbol{n}_{2i}=\frac{(\boldsymbol{p}+\boldsymbol{p}_i-\boldsymbol{b}_i)}{l_i} \tag{3-9}$$

式中　$\boldsymbol{n}_i$ ——支路 i 中作动器从点 B_i 到 P_i 的轴向方向单位矢量。

3.3.3 速度反解分析

式(3-6)左边对时间进行求导，得到点 P_i 的平移速度为

$$\boldsymbol{v}_{Pi}=\dot{\boldsymbol{p}}+\boldsymbol{\omega}_P\times\boldsymbol{p}_i \tag{3-10}$$

式中　$\boldsymbol{v}_{Pi}$ ——上铰点 P_i 在坐标系 {W} 中的平移速度矢量；

$\dot{\boldsymbol{p}}$ ——$\boldsymbol{p}$ 对时间的一次导数，为动平台上控制点 O_L 在惯性坐标系 {W} 中的平移速度矢量。

式(3-10)两边点乘 $\boldsymbol{n}_i$，得到支路 i 中作动器的伸缩速度为

$$\dot{l}_i=\boldsymbol{v}_{Pi}\cdot\boldsymbol{n}_i=\boldsymbol{n}_i\cdot\dot{\boldsymbol{p}}+(\boldsymbol{p}_i\times\boldsymbol{n}_i)\cdot\boldsymbol{\omega}_P \tag{3-11}$$

式中　$\dot{l}_i$ —— l_i 对时间的一次求导，为支路 i 中作动器的伸缩速度。

把 6 个支路的伸缩速度求解表达式合并为矩阵的形式，有

$$\dot{\boldsymbol{l}}=\boldsymbol{J}\begin{bmatrix}\dot{\boldsymbol{p}}\\ \boldsymbol{\omega}_P\end{bmatrix} \tag{3-12}$$

式中

$$\dot{\boldsymbol{l}}=\begin{bmatrix}\dot{l}_1 & \dot{l}_2 & \dot{l}_3 & \dot{l}_4 & \dot{l}_5 & \dot{l}_6\end{bmatrix}^{\mathrm{T}} \tag{3-13}$$

$$\boldsymbol{J}=\begin{bmatrix}\boldsymbol{n}_1^{\mathrm{T}} & (\boldsymbol{p}_1\times\boldsymbol{n}_1)^{\mathrm{T}}\\ \vdots & \vdots\\ \boldsymbol{n}_6^{\mathrm{T}} & (\boldsymbol{p}_6\times\boldsymbol{n}_6)^{\mathrm{T}}\end{bmatrix} \tag{3-14}$$

式中，$\boldsymbol{J}$ 描述 6-UCU 型 Gough-Stewart 平台的空间六维位姿速度与 6 个支路作动器的伸缩速度之间关系的雅可比矩阵。

3.3.4　加速度反解分析

对式(3－12)进行时间求导，得到 6 个支路中作动器的伸缩加速度为

$$\ddot{\boldsymbol{l}} = \frac{\mathrm{d}\boldsymbol{J}}{\mathrm{d}t}\begin{bmatrix}\dot{\boldsymbol{p}}\\ \boldsymbol{\omega}_P\end{bmatrix} + \boldsymbol{J}\begin{bmatrix}\ddot{\boldsymbol{p}}\\ \dot{\boldsymbol{\omega}}_P\end{bmatrix} \tag{3-15}$$

式中　$\ddot{\boldsymbol{l}}$ ——6 个支路中作动器的伸缩加速度组成的矢量；

$\ddot{\boldsymbol{p}}$ ——$\boldsymbol{p}$ 对时间的二次导数，为动平台上控制点 O_L 在惯性坐标系 {**W**} 中的平移加速度矢量；

$\dot{\boldsymbol{\omega}}_P$ ——$\boldsymbol{\omega}_P$ 对时间的一次导数，为动平台在惯性坐标系 {**W**} 中的转动加速度矢量，有 $\dot{\boldsymbol{\omega}}_P = \boldsymbol{\alpha}_P$ 。

3.3.5　其他组成部分运动学分析

在进行动力学分析之前，需要分析得到支路中缸筒端质心处、活塞杆端质心处、动平台与负载综合体质心处的运动状况。与支路中作动器的伸缩速度和伸缩加速度不同，支路中缸筒端质心处与活塞杆端质心处的角速度和角加速度取决于支路两端采用铰链的形式[7]。

由位置矢量之间的关系(见图 3－3)，得到支路 i 中作动器缸筒端质心 C_{1i} 与活塞杆端质心 C_{2i} 在惯性坐标系 {**W**} 中的位置矢量分别为

$$\boldsymbol{r}_{1i} = \boldsymbol{b}_i + \boldsymbol{c}_{1i} \tag{3-16}$$

$$\boldsymbol{r}_{2i} = \boldsymbol{p} + \boldsymbol{p}_i + \boldsymbol{c}_{2i} \tag{3-17}$$

式中　$\boldsymbol{r}_{1i}$ ——支路 i 中作动器缸筒端质心 C_{1i} 在坐标系 {**W**} 中的位置矢量；

$\boldsymbol{r}_{2i}$ ——支路 i 中作动器活塞杆端质心 C_{2i} 在坐标系 {**W**} 中的位置矢量；

$\boldsymbol{c}_{1i}$ —— ${}^{B_i}\boldsymbol{c}_{1i}$ 在坐标系 {**W**} 的表示；

$\boldsymbol{c}_{2i}$ —— ${}^{P_i}\boldsymbol{c}_{2i}$ 在坐标系 {**W**} 的表示；

${}^{B_i}\boldsymbol{c}_{1i}$ ——支路 i 中作动器缸筒端质心 C_{1i} 在坐标系 {$\mathbf{B}_i$} 中的位置矢量；

${}^{P_i}\boldsymbol{c}_{2i}$ ——支路 i 中作动器活塞杆端质心 C_{2i} 在坐标系 {$\mathbf{P}_i$} 中的位置矢量。

动平台与负载综合体质心在坐标系 {**W**} 中的位置矢量为

$$\boldsymbol{r}_C = \boldsymbol{p} + \boldsymbol{c} \tag{3-18}$$

式中　$\boldsymbol{r}_C$ ——动平台与负载综合体质心在坐标系 {**W**} 中的位置矢量；

$\boldsymbol{c}$ —— ${}^{L}\boldsymbol{c}$ 在坐标系 {**W**} 中的表示；

${}^{L}\boldsymbol{c}$ ——动平台与负载综合体质心在坐标系 {**L**} 中的位置矢量。

通过上面的分析已经得到各个质心处的位置矢量，下面分析它们的速度、角速度。

式(3－6)右边对时间求导，也可得到点 P_i 的速度，为

$$\boldsymbol{v}_{Pi} = \dot{l}_{1i}\,\boldsymbol{n}_{1i} + \boldsymbol{\omega}'_{1i} \times l_{1i}\,\boldsymbol{n}_{1i} + \boldsymbol{\omega}'_{2i} \times l_{2i}\,\boldsymbol{n}_{2i} \tag{3-19}$$

式中　$\dot{l}_{1i}$ —— l_{1i} 对时间的导数；

$\boldsymbol{\omega}'_{1i}$ ——支路 i 中缸筒端在惯性坐标系 {**W**} 中的转动角速度矢量；

$\boldsymbol{\omega}'_{2i}$ ——支路 i 中活塞杆端在惯性坐标系 {**W**} 中的转动角速度矢量。

根据作动器的结构形式，有关系式：

$$\dot{l}_i = \dot{l}_{1i} \tag{3-20}$$

根据螺旋理论知识分析得到的结果可知[9]：转动速度可表示为绕各个转动轴线方向的转动速度之和。依据虎克铰与作动器的实际构造形式，可得到下面的关系式：

$$\boldsymbol{\omega}'_{1i} = \omega_{0i}\boldsymbol{s}_{0i} + \omega_{1i}\boldsymbol{s}_{1i} \tag{3-21}$$

$$\boldsymbol{\omega}'_{2i} = \omega_{0i}\boldsymbol{s}_{0i} + \omega_{1i}\boldsymbol{s}_{1i} + \omega_{ni}\boldsymbol{n}_{1i} \tag{3-22}$$

式中　ω_{0i} ——支路 i 中缸筒端绕轴线 $\boldsymbol{s}_{0i}$ 的转动角速度分量；

ω_{1i} ——支路 i 中缸筒端绕轴线 $\boldsymbol{s}_{1i}$ 的转动角速度分量；

ω_{ni} ——支路 i 中活塞杆端绕轴线 $\boldsymbol{n}_{1i}$ 的转动角速度分量。

当 $\boldsymbol{s}_{0i}$ 与 $\boldsymbol{n}_{1i}$ 不共线时，通过运算得到 ω_{0i} 和 ω_{1i} 分别为

$$\omega_{0i} = \frac{\boldsymbol{v}_{Pi} \cdot \boldsymbol{s}_{1i}}{l_i \| \boldsymbol{s}_{0i} \times \boldsymbol{n}_{1i} \|} \tag{3-23}$$

$$\omega_{1i} = \frac{\boldsymbol{v}_{Pi} \cdot \hat{\boldsymbol{y}}_i}{-l_i} \tag{3-24}$$

式中

$$\boldsymbol{s}_{1i} = \frac{\boldsymbol{s}_{0i} \times \boldsymbol{n}_{1i}}{\| \boldsymbol{s}_{0i} \times \boldsymbol{n}_{1i} \|} \tag{3-25}$$

由式(3-23)得到：当 $\boldsymbol{s}_{0i}$ 与 $\boldsymbol{n}_{1i}$ 共线时，式(3-23)中分母为零，此时为一个特殊位姿。

基于螺旋理论的知识[9]，动平台的角速度矢量 $\boldsymbol{\omega}_P$ 可以表示为支路 i 中绕各个转动轴线方向角速度分量的组合，为

$$\boldsymbol{\omega}_P = \omega_{0i}\boldsymbol{s}_{0i} + \omega_{1i}\boldsymbol{s}_{1i} + \omega_{ni}\boldsymbol{n}_{1i} + \omega_{2i}\boldsymbol{s}_{2i} + \omega_{3i}\boldsymbol{s}_{3i} \tag{3-26}$$

式中　ω_{2i} ——动平台在支路 i 中绕轴线 $\boldsymbol{s}_{2i}$ 的转动角速度分量；

ω_{3i} ——动平台在支路 i 中绕轴线 $\boldsymbol{s}_{3i}$ 的转动角速度分量。

式(3-26)两边分别点乘 $\boldsymbol{s}_{2i} \times \boldsymbol{s}_{3i}$，$\boldsymbol{s}_{2i}$ 与 $\boldsymbol{s}_{3i}$，且当 $\boldsymbol{s}_{3i}$ 与 $\boldsymbol{n}_{1i}$ 不共线时，得到 ω_{ni}，ω_{2i} 和 ω_{3i} 分别为

$$\omega_{ni} = \frac{(\boldsymbol{s}_{2i} \times \boldsymbol{s}_{3i}) \cdot (\boldsymbol{\omega}_P - \boldsymbol{\omega}'_{1i})}{(\boldsymbol{s}_{2i} \times \boldsymbol{s}_{3i}) \cdot \boldsymbol{n}_{1i}} \tag{3-27}$$

$$\omega_{2i} = \boldsymbol{s}_{2i} \cdot (\boldsymbol{\omega}_P - \boldsymbol{\omega}'_{1i}) \tag{3-28}$$

$$\omega_{3i} = \boldsymbol{s}_{3i} \cdot (\boldsymbol{\omega}_P - \boldsymbol{\omega}'_{2i}) \tag{3-29}$$

由式(3-27)得到：当 $\boldsymbol{s}_{3i}$ 与 $\boldsymbol{n}_{1i}$ 共线时，分母为零，此时为另一个特殊位姿。

式(3-16)和式(3-17)分别对时间求导，得到支路 i 中作动器缸筒端质心 C_{1i} 与活塞杆端质心 C_{2i} 的平移速度分别为

$$\boldsymbol{v}_{1i} = \boldsymbol{\omega}'_{1i} \times \boldsymbol{c}_{1i} \tag{3-30}$$

$$\boldsymbol{v}_{2i} = \dot{\boldsymbol{p}} + \boldsymbol{\omega}_P \times \boldsymbol{p}_i + \boldsymbol{\omega}'_{2i} \times \boldsymbol{c}_{2i} \tag{3-31}$$

式中　$\boldsymbol{v}_{1i}$ ——支路 i 中缸筒端质心 C_{1i} 在惯性坐标系{W}中的平移速度；

$\boldsymbol{v}_{2i}$ ——支路 i 中活塞杆端质心 C_{2i} 在惯性坐标系{W}中的平移速度。

式(3-18)对时间求导，得到动平台与负载综合体质心的平移速度为

$$\boldsymbol{v}_C = \dot{\boldsymbol{p}} + \boldsymbol{\omega}_P \times \boldsymbol{c} \tag{3-32}$$

式中　$\boldsymbol{v}_C$ ——动平台与负载综合体质心在惯性坐标系{W}中的平移速度。

通过上面的分析已经得到各个质心处的速度与角速度，下面分析它们的加速度和角加速度。

式(3-10)对时间进行求导，得到上铰点 P_i 处的平移加速度为

$$\boldsymbol{a}_{Pi} = \ddot{\boldsymbol{p}} + \boldsymbol{\alpha}_P \times \boldsymbol{p}_i + \boldsymbol{\omega}_P \times (\boldsymbol{\omega}_P \times \boldsymbol{p}_i) \tag{3-33}$$

式中　$\boldsymbol{a}_{Pi}$ ——上铰点 P_i 在惯性坐标系{W}中的平移加速度；

$\ddot{\boldsymbol{p}}$ —— $\boldsymbol{p}$ 对时间的二次导数，为动平台上控制点 O_L 在惯性坐标系{W}中的平移加速度。

式(3-19)对时间进行求导，同样能得到上铰点 P_i 处的平移加速度，为

$$\begin{aligned}\boldsymbol{a}_{Pi} = {} & \ddot{l}_{1i}\boldsymbol{n}_{1i} + 2\boldsymbol{\omega}'_{1i} \times \dot{l}_{1i}\boldsymbol{n}_{1i} + \boldsymbol{\alpha}'_{1i} \times l_{1i}\boldsymbol{n}_{1i} + \boldsymbol{\omega}'_{1i} \times (\boldsymbol{\omega}'_{1i} \times l_{1i}\boldsymbol{n}_{1i}) + \\ & \boldsymbol{\alpha}'_{2i} \times l_{2i}\boldsymbol{n}_{2i} + \boldsymbol{\omega}'_{2i} \times (\boldsymbol{\omega}'_{2i} \times l_{2i}\boldsymbol{n}_{1i})\end{aligned} \tag{3-34}$$

式中　$\ddot{l}_{1i}$ —— l_{1i} 对时间的二次导数；

$\boldsymbol{\alpha}'_{1i}$ ——支路 i 中缸筒端在惯性坐标系{W}中的转动角加速度；

$\boldsymbol{\alpha}'_{2i}$ ——支路 i 中活塞杆端在惯性坐标系{W}中的转动角加速度。

根据作动器中圆柱副的结构组成，有下面关系式：

$$\ddot{l}_i = \ddot{l}_{1i} \tag{3-35}$$

式中　$\ddot{l}_i$ ——支路 i 中活塞杆沿轴线方向的伸缩加速度。

式(3-21)两边对时间求导，并且依据轴线 $\boldsymbol{s}_{1i}$ 只能以角速度 $\omega_{0i}\boldsymbol{s}_{0i}$ 绕 $\boldsymbol{s}_{0i}$ 转动这一事实，得到缸筒端的转动角加速度为

$$\boldsymbol{\alpha}'_{1i} = \alpha_{0i}\boldsymbol{s}_{0i} + \alpha_{1i}\boldsymbol{s}_{1i} + \omega_{0i}\omega_{1i}\boldsymbol{s}_{0i} \times \boldsymbol{s}_{1i} \tag{3-36}$$

式中　α_{0i} ——支路 i 中缸筒端绕轴线 $\boldsymbol{s}_{0i}$ 的转动角加速度分量大小；

α_{1i} ——支路 i 中缸筒端绕轴线 $\boldsymbol{s}_{1i}$ 的转动角加速度分量大小。

式(3-22)两边对时间求导，并且依据轴线 $\boldsymbol{n}_{1i}$ 只能以角速度 $\boldsymbol{\omega}'_{1i}$ 绕下铰点 B_i 转动这一事实，得到活塞杆端的转动角加速度为

$$\boldsymbol{\alpha}'_{2i} = \boldsymbol{\alpha}'_{1i} + \alpha_{ni}\boldsymbol{n}_{1i} + \omega_{ni}\boldsymbol{\omega}'_{1i} \times \boldsymbol{n}_{1i} \tag{3-37}$$

式中　α_{ni} ——支路 i 中活塞杆端绕轴线 $\boldsymbol{n}_{1i}$ 的转动角加速度分量。

式(3-34)两边点乘 $\boldsymbol{n}_{1i}$，得到支路 i 中活塞杆沿轴线方向的伸缩加速度为

$$\ddot{l}_i = \ddot{l}_{1i} = \boldsymbol{u}_i \cdot \boldsymbol{n}_{1i} \tag{3-38}$$

式中

$$\boldsymbol{u}_i = \boldsymbol{a}_{Pi} - [2\boldsymbol{\omega}'_{1i} \times \dot{l}_{1i}\boldsymbol{n}_{1i} + \boldsymbol{\omega}'_{1i} \times (\boldsymbol{\omega}'_{1i} \times l_{1i}\boldsymbol{n}_{1i}) + \boldsymbol{\omega}'_{2i} \times (\boldsymbol{\omega}'_{2i} \times l_{2i}\boldsymbol{n}_{1i})] \tag{3-39}$$

在式(3－34)两边分别点乘 $\boldsymbol{s}_{1i}$ 和 $\hat{\boldsymbol{y}}_i$，且当 $\boldsymbol{s}_{0i}$ 与 $\boldsymbol{n}_{1i}$ 不共线时，得到 α_{0i} 和 α_{1i} 分别为

$$\alpha_{0i}=\frac{[\boldsymbol{u}_i-\omega_{0i}\omega_{1i}l_{1i}(\boldsymbol{s}_{0i}\times\boldsymbol{s}_{1i})\times\boldsymbol{n}_{1i}-\boldsymbol{h}_i\times l_{2i}\boldsymbol{n}_{2i}]\cdot\boldsymbol{s}_{1i}}{l_i\|\boldsymbol{s}_{0i}\times\boldsymbol{n}_{1i}\|}\tag{3-40}$$

$$\alpha_{1i}=\frac{[\omega_{0i}\omega_{1i}l_{1i}(\boldsymbol{s}_{0i}\times\boldsymbol{s}_{1i})\times\boldsymbol{n}_{1i}+\boldsymbol{h}_i\times l_{2i}\boldsymbol{n}_{2i}-\boldsymbol{u}_i]\cdot\hat{\boldsymbol{y}}_i}{l_i}\tag{3-41}$$

式中

$$\boldsymbol{h}_i=\omega_{0i}\omega_{1i}\boldsymbol{s}_{0i}\times\boldsymbol{s}_{1i}+\omega_{ni}\boldsymbol{\omega}'_{1i}\times\boldsymbol{n}_{1i}\tag{3-42}$$

由式(3－40)得到：当 $\boldsymbol{s}_{0i}$ 与 $\boldsymbol{n}_{1i}$ 共线时，分母为零，此时为一个特殊位姿。

式(3－26)两边对时间求导，并且依据轴线 $\boldsymbol{s}_{2i}$ 只能以角速度 $\boldsymbol{\omega}'_{2i}$ 绕铰点 B_i 转动，与轴线 $\boldsymbol{s}_{3i}$ 只能以角速度 $(\boldsymbol{\omega}'_{2i}+\omega_{2i}\boldsymbol{s}_{2i})$ 绕铰点 B_i 转动，得到动平台的转动角加速度为

$$\begin{aligned}\boldsymbol{\alpha}_P=&\alpha_{0i}\boldsymbol{s}_{0i}+\alpha_{1i}\boldsymbol{s}_{1i}+\alpha_{ni}\boldsymbol{n}_{1i}+\alpha_{2i}\boldsymbol{s}_{2i}+\alpha_{3i}\boldsymbol{s}_{3i}+\omega_{0i}\boldsymbol{s}_{0i}\times\omega_{1i}\boldsymbol{s}_{1i}+\\&\boldsymbol{\omega}'_{1i}\times\omega_{ni}\boldsymbol{n}_{1i}+\boldsymbol{\omega}'_{2i}\times\omega_{2i}\boldsymbol{s}_{2i}+(\boldsymbol{\omega}'_{2i}+\omega_{2i}\boldsymbol{s}_{2i})\times\omega_{3i}\boldsymbol{s}_{3i}\end{aligned}\tag{3-43}$$

式中 α_{2i} ——动平台在支路 i 中绕轴线 $\boldsymbol{s}_{2i}$ 的转动角加速度分量大小；

α_{3i} ——动平台在支路 i 中绕轴线 $\boldsymbol{s}_{3i}$ 的转动角加速度分量大小。

式(3－43)两边分别点乘 $\boldsymbol{s}_{2i}\times\boldsymbol{s}_{3i}$，$\boldsymbol{s}_{2i}$ 和 $\boldsymbol{s}_{3i}$，且当 $\boldsymbol{s}_{3i}$ 与 $\boldsymbol{n}_{1i}$ 不共线时，得到 α_{ni}，α_{2i} 和 α_{3i} 分别为

$$\alpha_{ni}=\frac{(\boldsymbol{s}_{2i}\times\boldsymbol{s}_{3i})\cdot(\boldsymbol{\alpha}_P-\boldsymbol{k}_i)}{(\boldsymbol{s}_{2i}\times\boldsymbol{s}_{3i})\cdot\boldsymbol{n}_{1i}}\tag{3-44}$$

$$\alpha_{2i}=\boldsymbol{s}_{2i}\cdot(\boldsymbol{\alpha}_P-\boldsymbol{k}_i)\tag{3-45}$$

$$\alpha_{3i}=\boldsymbol{s}_{3i}\cdot(\boldsymbol{\alpha}_P-\boldsymbol{k}_i-\alpha_{ni}\boldsymbol{n}_{1i})\tag{3-46}$$

式中

$$\begin{aligned}\boldsymbol{k}_i=&\alpha_{0i}\boldsymbol{s}_{0i}+\alpha_{1i}\boldsymbol{s}_{1i}+\omega_{0i}\boldsymbol{s}_{0i}\times\omega_{1i}\boldsymbol{s}_{1i}+\boldsymbol{\omega}'_{1i}\times\omega_{ni}\boldsymbol{n}_{1i}+\\&\boldsymbol{\omega}'_{2i}\times\omega_{2i}\boldsymbol{s}_{2i}+(\boldsymbol{\omega}'_{2i}+\omega_{2i}\boldsymbol{s}_{2i})\times\omega_{3i}\boldsymbol{s}_{3i}\end{aligned}\tag{3-47}$$

由式(3－44)得到：当 $\boldsymbol{s}_{3i}$ 与 $\boldsymbol{n}_{1i}$ 共线时，分母为零，此时为另一个特殊位姿。

式(3－30)和式(3－31)分别对时间求导，得到支路 i 中作动器缸筒端质心 C_{1i} 和活塞杆端质心 C_{2i} 的平移加速度分别为

$$\boldsymbol{a}_{1i}=\boldsymbol{\alpha}'_{1i}\times\boldsymbol{c}_{1i}+\boldsymbol{\omega}'_{1i}\times(\boldsymbol{\omega}'_{1i}\times\boldsymbol{c}_{1i})\tag{3-48}$$

$$\boldsymbol{a}_{2i}=\ddot{\boldsymbol{p}}+\boldsymbol{\alpha}_P\times\dot{\boldsymbol{p}}+\boldsymbol{\omega}_P\times(\boldsymbol{\omega}_P\times\boldsymbol{p}_i)+\boldsymbol{\alpha}'_{2i}\times\boldsymbol{c}_{2i}+\boldsymbol{\omega}'_{2i}\times(\boldsymbol{\omega}'_{2i}\times\boldsymbol{c}_{2i})\tag{3-49}$$

式中 $\boldsymbol{a}_{1i}$ ——支路 i 中缸筒端质心 C_{1i} 在惯性坐标系 {W} 中的平移加速度；

$\boldsymbol{a}_{2i}$ ——支路 i 中活塞杆端质心 C_{2i} 在惯性坐标系 {W} 中的平移加速度。

式(3－32)对时间求导，得到动平台与负载综合体质心的平移加速度为

$$\boldsymbol{a}_C=\ddot{\boldsymbol{p}}+\boldsymbol{\alpha}_P\times\boldsymbol{c}+\boldsymbol{\omega}_P\times(\boldsymbol{\omega}_P\times\boldsymbol{c})\tag{3-50}$$

式中 $\boldsymbol{a}_C$ ——动平台与负载综合体质心在惯性坐标系 {W} 中的平移加速度。

通过上面的运动学分析得到：当固定于静平台上虎克铰的转轴方向与作动器的轴线方向共线时，致使式(3－23)与式(3－40)中分母为零，为一个特殊位姿；当固定于动平台上虎克铰

的转轴方向与作动器的轴线方向共线时，致使式(3－27)与式(3－44)中分母为零，为另一个特殊位姿。

3.4　完整动力学反解分析

由于利用达朗贝尔原理与牛顿-欧拉方程相结合，动力学问题可以转化为受力平衡来进行分析，从而可使动力学反解分析简便，所以本节采用这种的结合来对 6-UCU 型 Gough-Stewart 平台各组成部分的受力状况进行分析。

忽略摩擦力，在支路 i 中，下铰对缸筒施加一个力 $\boldsymbol{F}_{Bi}$ 与一个力矩 $\boldsymbol{M}_{Bi}$ [7]（见图 3－4）。上铰对活塞杆施加一个力 $\boldsymbol{F}_{Pi}$ 与一个力矩 $\boldsymbol{M}_{Pi}$ 。把力 $\boldsymbol{F}_{Pi}$ 分解为沿 $\boldsymbol{n}_{2i}$ 的力 $\boldsymbol{F}_i^a = f_i^a \boldsymbol{n}_{2i}$（其中 f_i^a 为力 $\boldsymbol{F}_i^a$ 的大小）与垂直于 $\boldsymbol{n}_{2i}$ 的力 $\boldsymbol{F}_i^n$ 。

忽略摩擦力，对整个支路 i 在下铰点 B_i 处进行力矩分析，得到

$$l_i \boldsymbol{n}_{2i} \times \boldsymbol{F}_i^n + (l_i \boldsymbol{n}_{2i} + \boldsymbol{c}_{2i}) \times \boldsymbol{F}_{2i} + \boldsymbol{c}_{1i} \times \boldsymbol{F}_{1i} + M_{Bi} \frac{\boldsymbol{s}_{1i} \times \boldsymbol{s}_{0i}}{\| \boldsymbol{s}_{1i} \times \boldsymbol{s}_{0i} \|} +$$

$$M_{Pi} \frac{\boldsymbol{s}_{2i} \times \boldsymbol{s}_{3i}}{\| \boldsymbol{s}_{2i} \times \boldsymbol{s}_{3i} \|} + \boldsymbol{M}_{1i} + \boldsymbol{M}_{2i} = \boldsymbol{0}_{3\times1} \tag{3－51}$$

式中　$\boldsymbol{0}_{3\times1}$ ——元素全为 0 的 3 维列向量；

$\boldsymbol{M}_{Bi}$ ——支路 i 中通过下虎克铰对缸筒施加的力矩，M_{Bi} 为其大小，有

$$\boldsymbol{M}_{Bi} = M_{Bi} \frac{\boldsymbol{s}_{1i} \times \boldsymbol{s}_{0i}}{\| \boldsymbol{s}_{1i} \times \boldsymbol{s}_{0i} \|};$$

$\boldsymbol{M}_{Pi}$ ——支路 i 中通过上虎克铰对活塞杆施加的力矩，M_{Pi} 为其大小，有

$$\boldsymbol{M}_{Pi} = M_{Pi} \frac{\boldsymbol{s}_{2i} \times \boldsymbol{s}_{3i}}{\| \boldsymbol{s}_{2i} \times \boldsymbol{s}_{3i} \|};$$

$\boldsymbol{F}_{1i}$ ——支路 i 中缸筒端的重力与惯性力作用之和，有

$$\boldsymbol{F}_{1i} = m_{1i}(\boldsymbol{g} - \boldsymbol{a}_{1i});$$

m_{1i} ——支路 i 中缸筒端的质量；

$\boldsymbol{g}$ ——重力加速度；

$\boldsymbol{F}_{2i}$ ——支路 i 中活塞杆端的重力与惯性力作用之和，有

$$\boldsymbol{F}_{2i} = m_{2i}(\boldsymbol{g} - \boldsymbol{a}_{2i});$$

m_{2i} ——支路 i 中活塞杆端的质量；

$\boldsymbol{M}_{1i}$ ——支路 i 中缸筒端的惯性力矩，有

$$\boldsymbol{M}_{1i} = -\boldsymbol{I}_{1i} \boldsymbol{\alpha}'_{1i} - \boldsymbol{\omega}'_{1i} \times (\boldsymbol{I}_{1i} \boldsymbol{\omega}'_{1i});$$

$\boldsymbol{I}_{1i}$ ——支路 i 中缸筒端绕质心 C_{1i} 的惯量矩阵在坐标系 {W} 中的表示；

$\boldsymbol{M}_{2i}$ ——支路 i 中活塞杆端的惯性力矩，有

$$\boldsymbol{M}_{2i} = -\boldsymbol{I}_{2i} \boldsymbol{\alpha}'_{2i} - \boldsymbol{\omega}'_{2i} \times (\boldsymbol{I}_{2i} \boldsymbol{\omega}'_{2i});$$

$\boldsymbol{I}_{2i}$ ——支路 i 中活塞杆端绕质心 C_{2i} 的惯量矩阵在坐标系 {W} 中的表示。

忽略摩擦力，在支路 i 中，活塞对缸筒施加一个力矩 $\boldsymbol{M}_{ci}^{n}$（方向垂直于 $\boldsymbol{n}_{1i}$）、一个垂直于 $\boldsymbol{n}_{1i}$ 的力 $\boldsymbol{F}_{ci}^{n}$ 和一个沿 $\boldsymbol{n}_{1i}$ 方向的力 $-\tau_i\boldsymbol{n}_{1i}$（其中 τ_i 为活塞的出力大小）（见图 3－5）。对支路 i 中缸筒端在下铰点 B_i 处进行力矩分析，得到

$$\boldsymbol{c}_{1i}\times\boldsymbol{F}_{1i}+\boldsymbol{M}_{1i}+l'_{1i}\boldsymbol{n}_{1i}\times\boldsymbol{F}_{ci}^{n}+\boldsymbol{M}_{ci}^{n}+M_{Bi}\frac{\boldsymbol{s}_{1i}\times\boldsymbol{s}_{0i}}{\|\boldsymbol{s}_{1i}\times\boldsymbol{s}_{0i}\|}=\boldsymbol{0}_{3\times1} \tag{3-52}$$

式中　l'_{1i}——支路 i 中从下铰点 B_i 到力 $\boldsymbol{F}_{ci}^{n}$ 对缸筒作用点的距离。

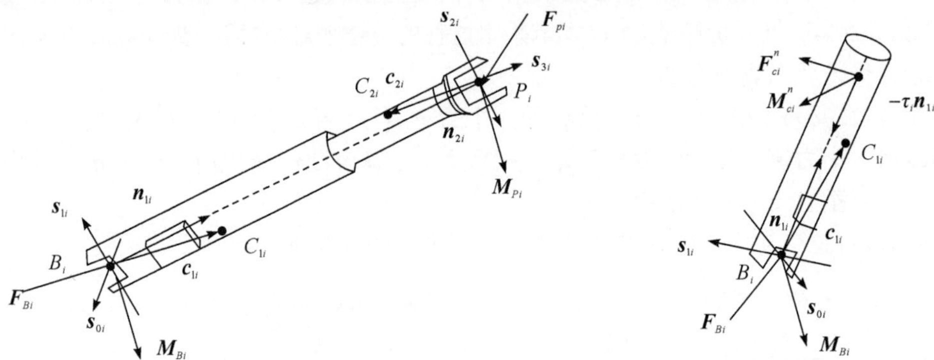

图 3－4　第 i 个支路受力图　　　　图 3－5　第 i 个支路中缸筒端受力图

式(3－52)两边同时点乘 $\boldsymbol{n}_{1i}$，且当 $\boldsymbol{s}_{0i}$ 与 $\boldsymbol{n}_{1i}$ 方向不共线时，得到 M_{Bi} 为

$$M_{Bi}=-\frac{(\boldsymbol{c}_{1i}\times\boldsymbol{F}_{1i}+\boldsymbol{M}_{1i})\cdot\boldsymbol{n}_{1i}}{\dfrac{(\boldsymbol{s}_{1i}\times\boldsymbol{s}_{0i})}{\|\boldsymbol{s}_{1i}\times\boldsymbol{s}_{0i}\|}\cdot\boldsymbol{n}_{1i}} \tag{3-53}$$

由式(3－53)得到：当 $\boldsymbol{s}_{0i}$ 与 $\boldsymbol{n}_{1i}$ 共线时，分母为零，此时为一个特殊位姿。

式(3－51)两边进行点乘与叉乘 $\boldsymbol{n}_{1i}$ 运算，且当 $\boldsymbol{s}_{3i}$ 与 $\boldsymbol{n}_{1i}$ 方向不共线时，得到

$$M_{Pi}=\frac{-\boldsymbol{w}_i\cdot\boldsymbol{n}_{1i}-\boldsymbol{M}_{Bi}\cdot\boldsymbol{n}_{1i}}{\dfrac{(\boldsymbol{s}_{2i}\times\boldsymbol{s}_{3i})}{\|\boldsymbol{s}_{2i}\times\boldsymbol{s}_{3i}\|}\cdot\boldsymbol{n}_{1i}} \tag{3-54}$$

$$\boldsymbol{F}_i^{n}=\frac{\boldsymbol{n}_{2i}\times(\boldsymbol{w}_i+\boldsymbol{M}_{Pi}+\boldsymbol{M}_{Bi})}{l_i} \tag{3-55}$$

式中

$$\boldsymbol{w}_i=(l_i\boldsymbol{n}_{2i}+\boldsymbol{c}_{2i})\times\boldsymbol{F}_{2i}+\boldsymbol{c}_{1i}\times\boldsymbol{F}_{1i}+\boldsymbol{M}_{1i}+\boldsymbol{M}_{2i} \tag{3-56}$$

由式(3－54)得到：当 $\boldsymbol{s}_{3i}$ 与 $\boldsymbol{n}_{1i}$ 共线时，式(3－54)中分母为零，此时为另一个特殊位姿。

接着对动平台与负载综合体进行受力分析，得到

$$-\sum_{i=1}^{6}f_i^{a}\boldsymbol{n}_{2i}-\sum_{i=1}^{6}\boldsymbol{F}_i^{n}+\boldsymbol{F}_C=\boldsymbol{0}_{3\times1} \tag{3-57}$$

式中　$\boldsymbol{F}_C$——动平台与负载综合体质心处受到的惯性力、重力与外力之和，有

$$\boldsymbol{F}_C=m_C\boldsymbol{g}-m_C\boldsymbol{a}_C+\boldsymbol{F}_e\ ;$$

$\boldsymbol{F}_e$——动平台与负载综合体质心处受到的外力之和；

m_C——动平台与负载综合体的质量。

把负载与动平台当作一个整体，在控制点 O_L 处进行力矩分析，得

$$\boldsymbol{c}\times\boldsymbol{F}_C+\boldsymbol{M}_C-\sum_{i=1}^{6}(\boldsymbol{p}_i\times\boldsymbol{F}_i^n+\boldsymbol{M}_{Pi})-\sum_{i=1}^{6}(\boldsymbol{p}_i\times f_i^a\,\boldsymbol{n}_{2i})=\boldsymbol{0}_{3\times1} \tag{3-58}$$

式中　$\boldsymbol{M}_C$ ——动平台与负载综合体在综合体质心处的惯性力矩与外力矩之和，有

$$\boldsymbol{M}_C=-\boldsymbol{I}_C\boldsymbol{\alpha}_P-\boldsymbol{\omega}_P\times(\boldsymbol{I}_C\boldsymbol{\omega}_P)+\boldsymbol{M}_e\text{；}$$

$\boldsymbol{M}_e$ ——动平台与负载综合体受到的外力矩之和。

由式(3－57)与式(3－58)得到

$$\begin{bmatrix} f_1^a \\ \vdots \\ f_6^a \end{bmatrix}=\boldsymbol{J}^{-\mathrm{T}}\boldsymbol{N}_k \tag{3-59}$$

式中

$$\boldsymbol{N}_k=\begin{bmatrix} \boldsymbol{F}_C-\sum_{i=1}^{6}\boldsymbol{F}_i^n \\ \boldsymbol{c}\times\boldsymbol{F}_C+\boldsymbol{M}_C-\sum_{i=1}^{6}(\boldsymbol{p}_i\times\boldsymbol{F}_i^n+\boldsymbol{M}_{Pi}) \end{bmatrix} \tag{3-60}$$

对支路 i 中活塞杆端沿轴线 $\boldsymbol{n}_{2i}$ 进行受力分析，得到

$$f_i^a+\boldsymbol{n}_{2i}\cdot\boldsymbol{F}_{2i}+\tau_i=0 \tag{3-61}$$

即

$$\tau_i=-(f_i^a+\boldsymbol{n}_{2i}\cdot\boldsymbol{F}_{2i}) \tag{3-62}$$

在 SimMechanics 中铰链传感器只能测量得到铰链连接两物体之间相对的受力和力矩，即在支路 i 中 SimMechanics 中铰链传感器能测量得到的反馈力 f_i' 为

$$f_i'=f_i^a+\tau_i \tag{3-63}$$

式中　f'_i ——支路 i 中 SimMechanics 中铰链传感器能测量得到的反馈力。

通过上面的动力学分析得到：当固定于静平台上虎克铰的转轴方向与作动器的轴线方向共线时，致使式(3－53)中分母为零，为一个特殊位姿；当固定于动平台上虎克铰的转轴方向与作动器的轴线方向共线时，致使式(3－54)中分母为零，为另一个特殊位姿。

3.5 模型验证

为了验证上面推导的 6-UCU 型 Gough-Stewart 平台的完整运动学反解模型和完整动力学反解模型是正确的，现在通过一个仿真实例来进行分析。仿真实例分别在 Matlab2011a 中用 SimMechanics 工具建模(见图 3－6)和用前面的式子建立 m 文件，然后根据仿真结果进行对比验证。

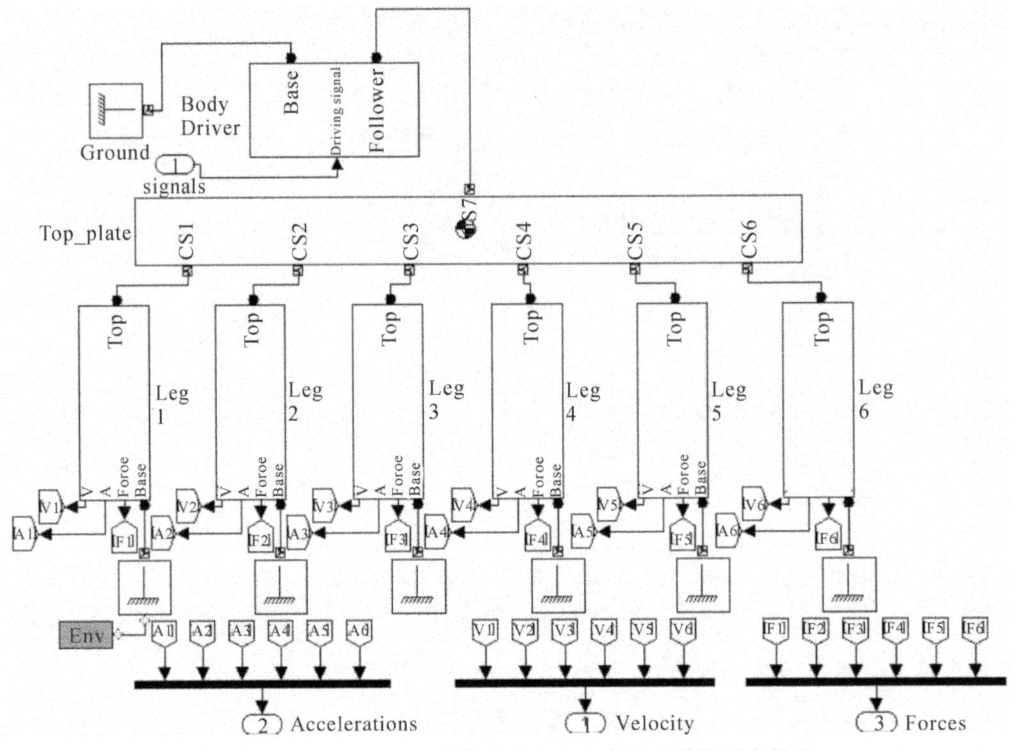

图 3-6　SimMechanics 中搭建的六自由度运动模拟平台模型

由于 Tsai[10] 的仿真实例被经常用于 Gough-Stewart 平台动力学模型的正确性验证中，如 Wang 与 Gosselin[11]，Guo 等人[12]，因此本节也采用 Tsai[10] 的仿真实例。参数设置如下[10]：

设固定于动平台上虎克铰转轴的轴线在上铰点构成的平面内，垂直于相应上铰点构成的短边，且规定其正方向为从上铰圆圆心往铰圆外；设固定于静平台上虎克铰转轴的轴线在下铰点构成的平面内，垂直于相应下铰点构成的短边，且规定其正方向为从下铰圆圆心往铰圆外；在支路 i 中，缸筒端长度为 0.9m；

${}^{L}\boldsymbol{c} = [0\quad 0\quad 0]^{\mathrm{T}}(\mathrm{m})$; $\boldsymbol{g} = [0\quad 0\quad -9.807]^{\mathrm{T}}(\mathrm{m/s^2})$; $l_{2i} = 0.72(\mathrm{m})$;

$\boldsymbol{b}_1 = [-2.12\quad 1.374\quad 0]^{\mathrm{T}}(\mathrm{m})$; $\boldsymbol{b}_2 = [-2.38\quad 1.224\quad 0]^{\mathrm{T}}(\mathrm{m})$;

$\boldsymbol{b}_3 = [-2.38\quad -1.224\quad 0]^{\mathrm{T}}(\mathrm{m})$; $\boldsymbol{b}_4 = [-2.12\quad -1.374\quad 0]^{\mathrm{T}}(\mathrm{m})$;

$\boldsymbol{b}_5 = [0\quad -0.15\quad 0]^{\mathrm{T}}(\mathrm{m})$; $\boldsymbol{b}_6 = [0\quad 0.15\quad 0]^{\mathrm{T}}(\mathrm{m})$;

${}^{L}\boldsymbol{p}_1 = [0.17\quad 0.595\quad -0.4]^{\mathrm{T}}(\mathrm{m})$; ${}^{L}\boldsymbol{p}_2 = [-0.6\quad 0.15\quad -0.4]^{\mathrm{T}}(\mathrm{m})$;

${}^{L}\boldsymbol{p}_3 = [-0.6\quad 0.15\quad -0.4]^{\mathrm{T}}(\mathrm{m})$; ${}^{L}\boldsymbol{p}_4 = [0.17\quad -0.595\quad -0.4]^{\mathrm{T}}(\mathrm{m})$;

${}^{L}\boldsymbol{p}_5 = [0.43\quad -0.445\quad -0.4]^{\mathrm{T}}(\mathrm{m})$; ${}^{L}\boldsymbol{p}_6 = [0.43\quad 0.445\quad -0.4]^{\mathrm{T}}(\mathrm{m})$;

${}^{B_i}\boldsymbol{c}_1 = [0\quad 0\quad 0.5]^{\mathrm{T}}(\mathrm{m})$; ${}^{P_i}\boldsymbol{c}_2 = [0\quad 0\quad -0.5]^{\mathrm{T}}(\mathrm{m})$;

$m_C = 1.5(\mathrm{kg})$; $m_1 = m_2 = 0.1(\mathrm{kg})$;

$^{L}\boldsymbol{I}_C = \mathrm{diag}\ (0.08, 0.08, 0.08)^{\mathrm{T}} (\mathrm{kg \cdot m^2})$;

$^{P_i}\boldsymbol{I}_2 = \mathrm{diag}\ (0.006\ 25, 0.006\ 25, 0)^{\mathrm{T}} (\mathrm{kg \cdot m^2})$;

$^{B_i}\boldsymbol{I}_1 = \mathrm{diag}\ (0.00625, 0.00625, 0)^{\mathrm{T}} (\mathrm{kg \cdot m^2})$;

式中　$^{B_i}\boldsymbol{c}_1$ ——缸筒端质心 C_{1i} 在坐标系 $\{\mathbf{B}_i\}$ 中的位置矢量，有 $\boldsymbol{c}_1 = \boldsymbol{R}_{B_i} {}^{B_i}\boldsymbol{c}_1$ ；

$\boldsymbol{R}_{B_i}$ ——体坐标系 $\{\mathbf{B}_i\}$ 相对于惯性坐标系 $\{\mathbf{W}\}$ 的旋转矩阵；

diag ——表示对角矩阵；

$^{P_i}\boldsymbol{c}_2$ ——活塞杆端质心 C_{2i} 在坐标系 $\{\mathbf{P}_i\}$ 中的位置矢量，有 $\boldsymbol{c}_2 = \boldsymbol{R}_{P_i} {}^{P_i}\boldsymbol{c}_2$ ；

$\boldsymbol{R}_{P_i}$ ——体坐标系 $\{\mathbf{P}_i\}$ 相对于惯性坐标系 $\{\mathbf{W}\}$ 的旋转矩阵；

$^{L}\boldsymbol{I}_C$ ——动平台与负载综合体相对于综合体质心处的惯量矩阵在坐标系 $\{\mathbf{L}\}$ 中的表示，有 $\boldsymbol{I}_C = \boldsymbol{R} {}^{L}\boldsymbol{I}_C \boldsymbol{R}^{\mathrm{T}}$ ；

$^{P_i}\boldsymbol{I}_2$ ——支路 i 中，活塞杆端相对于其质心 C_{2i} 处的惯量矩阵在坐标系 $\{\mathbf{P}_i\}$ 中的表示，有 $\boldsymbol{I}_{2i} = \boldsymbol{R}_{P_i} {}^{P_i}\boldsymbol{I}_2 \boldsymbol{R}_{P_i}^{\mathrm{T}}$ ；

$^{B_i}\boldsymbol{I}_1$ ——支路 i 中，缸筒端相对于其质心 C_{1i} 处的惯量矩阵在坐标系 $\{\mathbf{B}_i\}$ 中的表示，有 $\boldsymbol{I}_{1i} = \boldsymbol{R}_{B_i} {}^{B_i}\boldsymbol{I}_1 \boldsymbol{R}_{B_i}^{\mathrm{T}}$ 。

6-UCU 型 Gough-Stewart 平台作复合平移运动，其运动轨迹为[10]

$$\begin{bmatrix} \varphi \\ \theta \\ \psi \end{bmatrix} = \begin{bmatrix} 0 \\ 0 \\ 0 \end{bmatrix};\ \boldsymbol{p} = \begin{bmatrix} -1.5 + 0.2\sin(3t) \\ 0.2\sin(3t) \\ 1.0 + 0.2\sin(3t) \end{bmatrix} (\mathrm{m})$$

仿真结果如图 3－7 至图 3－10 所示，其中各图中(a)(b)分图中同一类型曲线分别对应相同序号的作动器，图(c)内曲线为通过本节式子得到相应的值减去通过 SimMechanics 模型得到相应值的大小。从图 3－7 中可得到，运用本节推导的式子仿真得到各个作动器的伸缩量大小与由 SimMechanics 软件仿真得到各个作动器的伸缩量大小基本一样，说明本节推导得到的位置反解式子是正确的。从图 3－8 中可得到，运用本节推导式子仿真得到各个作动器的 ω_{2i} 大小与由 SimMechanics 软件仿真得到各个作动器的 ω_{2i} 大小一样，说明本节推导得到的速度反解式子是正确的。从图 3－9 中可得到，运用本节推导式子仿真得到各个作动器的 α_{2i} 大小与由 SimMechanics 软件仿真得到各个作动器的 α_{2i} 大小一样，说明本节推导得到的加速度反解式子是正确的。从图 3－10 中可得到，运用本节推导式子仿真得到各个作动器的反馈力大小与由 SimMechanics 软件仿真得到各个作动器的反馈力大小一样，说明本节推导得到的动力学反解式子是正确的，从而验证了本节推导得到 6-UCU 型 Gough-Stewart 平台的完整运动学反解模型和完整动力学反解模型是正确的。

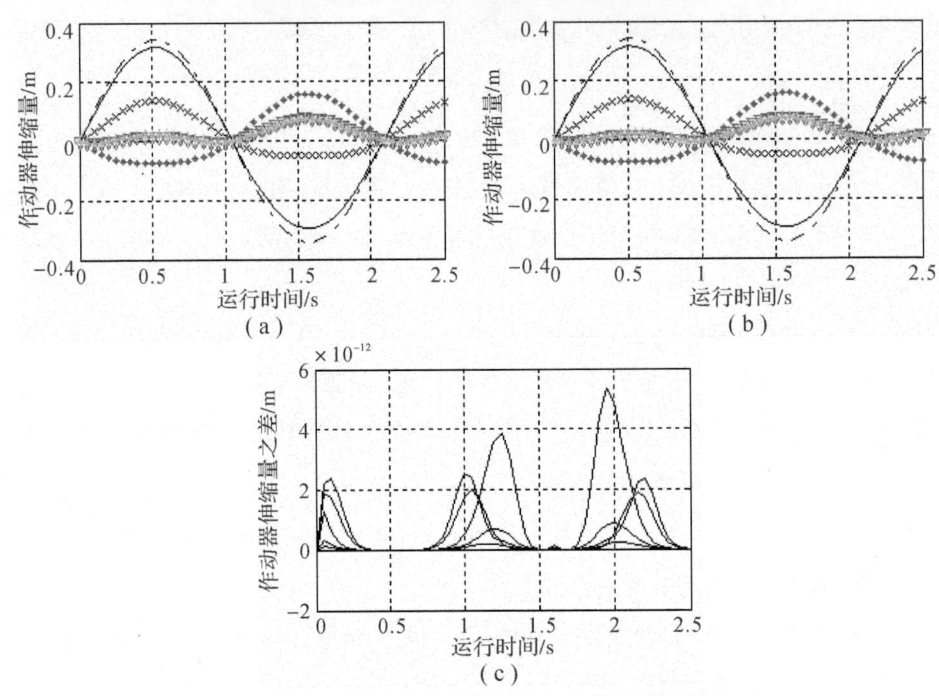

图 3-7　六自由度运动模拟平台各作动器伸缩量

(a) 运用本节式子得到的仿真结果；(b)运用 SimMechanics 得到的仿真结果；(c)作动器伸缩量之差

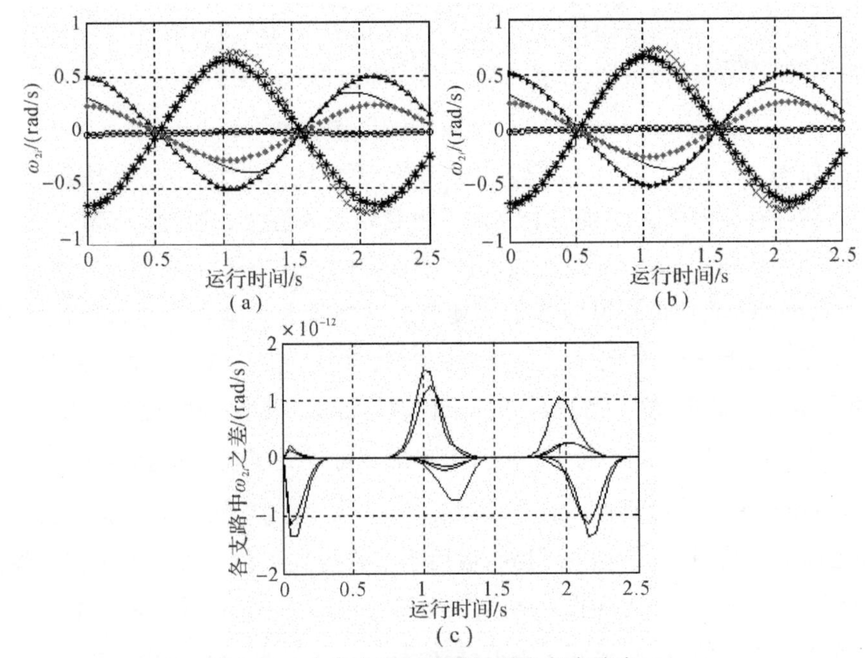

图 3-8　六自由度运动模拟平台各支路中 ω_{2i}

(a) 运用本节式子得到的仿真结果；(b)运用 SimMechanics 得到的仿真结果；(c)各支路中 ω_{2i} 之差

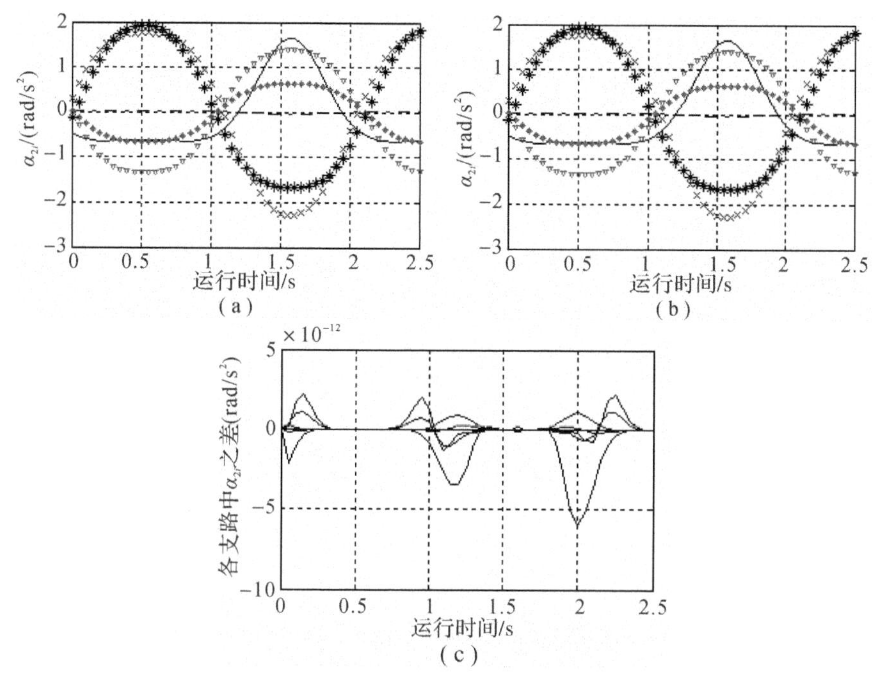

图 3-9　六自由度运动模拟平台各支路中 α_{2i} 大小

(a) 运用本节式子得到的仿真结果；(b)运用 SimMechanics 得到的仿真结果；(c) 各支路中 α_{2i} 之差

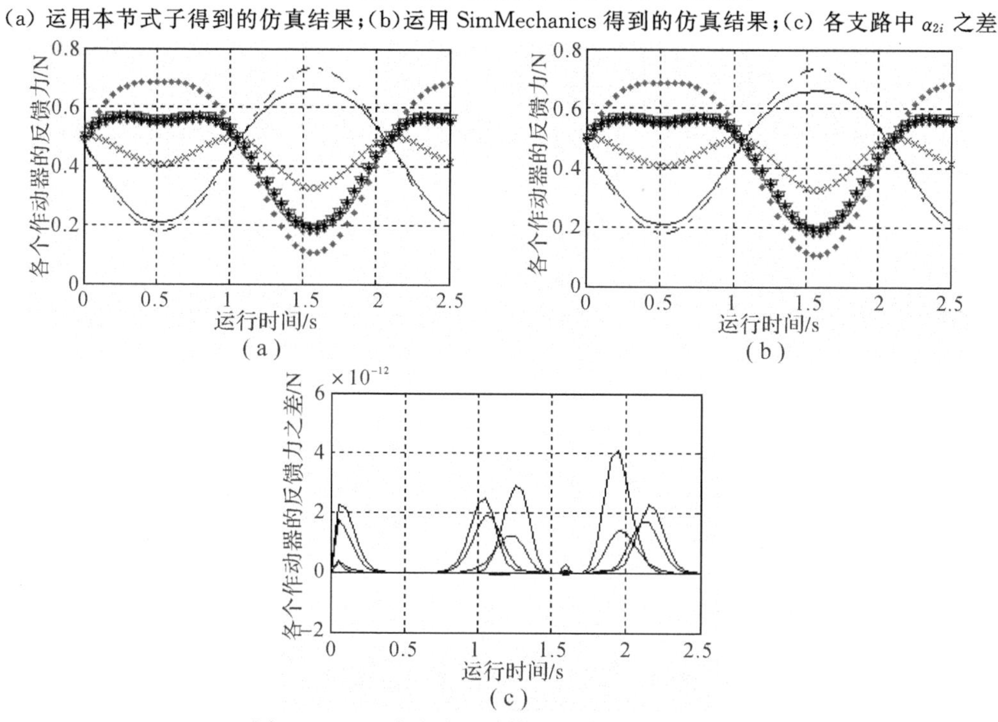

图 3-10　六自由度运动模拟平台作动器反馈力

(a) 运用本节式子得到的仿真结果；(b)运用 SimMechanics 得到的仿真结果；(c)各个作动器的反馈力之差

3.6　两种动力学模型的对比分析

对 6-UCU 型 Gough-Stewart 平台建模时，很多学者把其等效为 6-UPS 型 Gough-Stewart 平台，然后按 6-UPS 型 Gough-Stewart 平台忽略支路绕自身轴线方向转动的影响建立简化动力学模型。如第 1 章绪论中所述，有很多学者采用了多种方法建立简化动力学模型。假设其等效为 6-UPS 型 Gough-Stewart 平台，忽略支路绕自身轴线方向转动的影响，然后通过虚功原理得到作动器的出力(见第 2 章中的推导)为

$$[\tau_1 \quad \tau_2 \quad \tau_3 \quad \tau_4 \quad \tau_5 \quad \tau_6]^{\mathrm{T}} = -\boldsymbol{J}^{-\mathrm{T}}\left[\boldsymbol{J}_C^{\mathrm{T}}\boldsymbol{F}_C + \sum_{i=1}^{6}(\boldsymbol{J}_{1i}^{\mathrm{T}}\boldsymbol{F}_{1i} + \boldsymbol{J}_{2i}^{\mathrm{T}}\boldsymbol{F}_{2i})\right] \tag{3-64}$$

式中　$\boldsymbol{F}_C$ ——作用在动平台与负载综合体质心处的广义力；

$\boldsymbol{J}_C$ ——动平台与负载综合体质心处的广义速度到控制点 O_L 处广义速度之间的雅克比矩阵；

$\boldsymbol{F}_{1i}$ ——作用在支路 i 上缸筒端质心处的广义力；

$\boldsymbol{J}_{1i}$ ——支路 i 上缸筒端质心处的广义速度到控制点 O_L 处广义速度之间的雅克比矩阵；

$\boldsymbol{F}_{2i}$ ——作用在支路 i 上活塞杆端质心处的广义力；

$\boldsymbol{J}_{2i}$ ——支路 i 上缸筒端质心处的广义速度到控制点 O_L 处广义速度之间的雅克比矩阵。

为了进一步分析简化动力学模型与本章建立的完整模型计算作动器出力时的差别，下面将通过仿真实例进行对比分析。由于 Tsai[10] 仿真实例中的质量太小，可能与实际不太相符，现把仿真实例参数中与质量相关的项改为 Tsai[10] 仿真实例中的相应项的 1 000 倍，即为

$m_C = 1\,500(\mathrm{kg})$；$m_1 = m_2 = 100(\mathrm{kg})$；${}^{L}\boldsymbol{I}_C = \mathrm{diag}\,(80,80,80)^{\mathrm{T}}(\mathrm{kg}\cdot\mathrm{m}^2)$；

${}^{P_i}\boldsymbol{I}_2 = \mathrm{diag}\,(6.25,6.25,0)^{\mathrm{T}}(\mathrm{kg}\cdot\mathrm{m}^2)$；${}^{B_i}\boldsymbol{I}_1 = \mathrm{diag}\,(6.25,6.25,0)^{\mathrm{T}}(\mathrm{kg}\cdot\mathrm{m}^2)$；其他参数采用 3.5 节中的设置。

3.6.1　低频正弦运动

由于在某些情况下活塞杆端与缸筒端两惯量矩阵中沿轴线方向的元素相对于其垂直于轴线方向的元素相比可忽略不计，从而 Tsai[10] 把沿轴线方向的元素设为 0。但为了考虑可能出现的各种情况，需要设置其不为 0。为了考虑正弦运动频率的影响，把频率分别取一个低频和一个高频值进行对比分析，首先设置正弦运动的频率为低频 3rad/s。

1. 作动器沿轴线方向的转动惯量分量大小相对于垂直于轴线方向的转动惯量分量大小可以忽略不计

此时假设活塞杆端与缸筒端两惯量矩阵中沿轴线方向的元素值为它们惯量矩阵中垂直于轴线方向元素值的 1%，即为

$$^{P_i}\boldsymbol{I}_2 = \mathrm{diag}\left(6.25, 6.25, \frac{6.25}{100}\right)^{\mathrm{T}} (\mathrm{kg} \cdot \mathrm{m}^2)$$

$$^{B_i}\boldsymbol{I}_1 = \mathrm{diag}\left(6.25, 6.25, \frac{6.25}{100}\right)^{\mathrm{T}} (\mathrm{kg} \cdot \mathrm{m}^2)$$

然后采用 3.5.1 节中例子的复合平移运动，通过两种模型反解分析得到各支路的驱动力大小分别如图 3－11 中相应图所示。其中图(c)为通过完整模型得到的出力值减去通过简化动力学模型得到的出力值大小(以下各图(c)计算原理一样)。

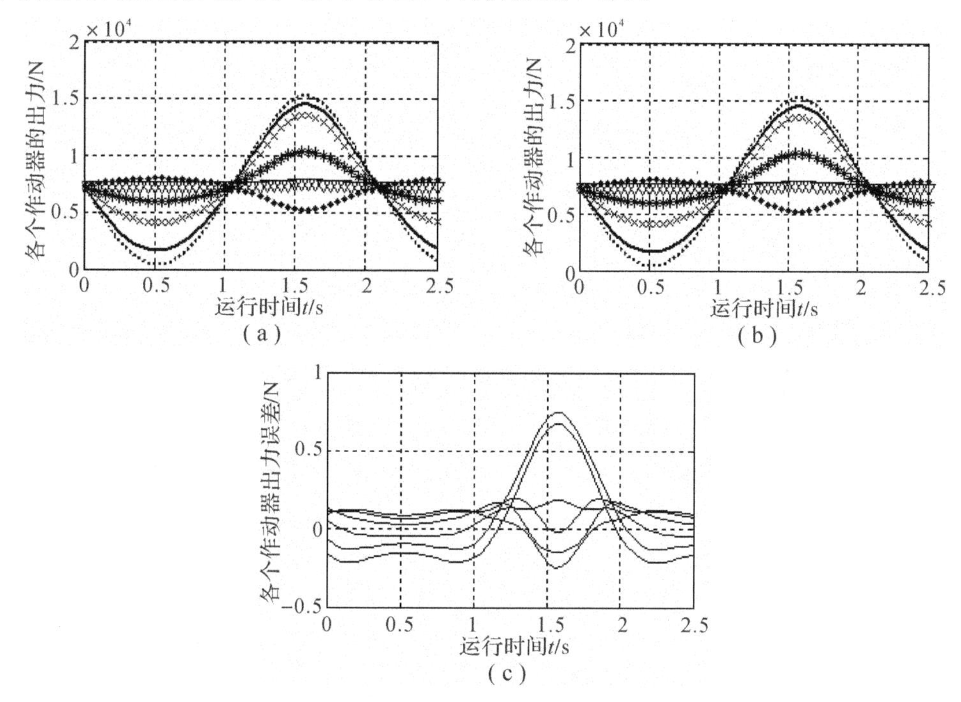

图 3－11　六自由度运动模拟平台作动器出力

(a) 运用完整模型得到的仿真结果；(b)运用简化模型得到的仿真结果；(c)作动器出力误差大小

由图 3－11 中所得仿真结果得到：两种模型得到的出力结果相差很小，即此时可以采用简化动力学模型计算作动器的出力大小。

为了进一步分析两种模型的误差，现进行转动分析。现假设与图 3－11 中实例所有的参数值一样，只是 6-UCU 型 Gough-Stewart 平台运动由复合平动改为转动，其运动轨迹改为

$[\phi \quad \theta \quad \psi] = [0 \quad 0 \quad 0.35\sin(3t)](\mathrm{rad})$；$\boldsymbol{p} = [-1.5 \quad 0 \quad 1.0]^{\mathrm{T}}(\mathrm{m})$。

此时两种模型得到各支路的驱动力大小分别如图 3-12 中相应图所示。

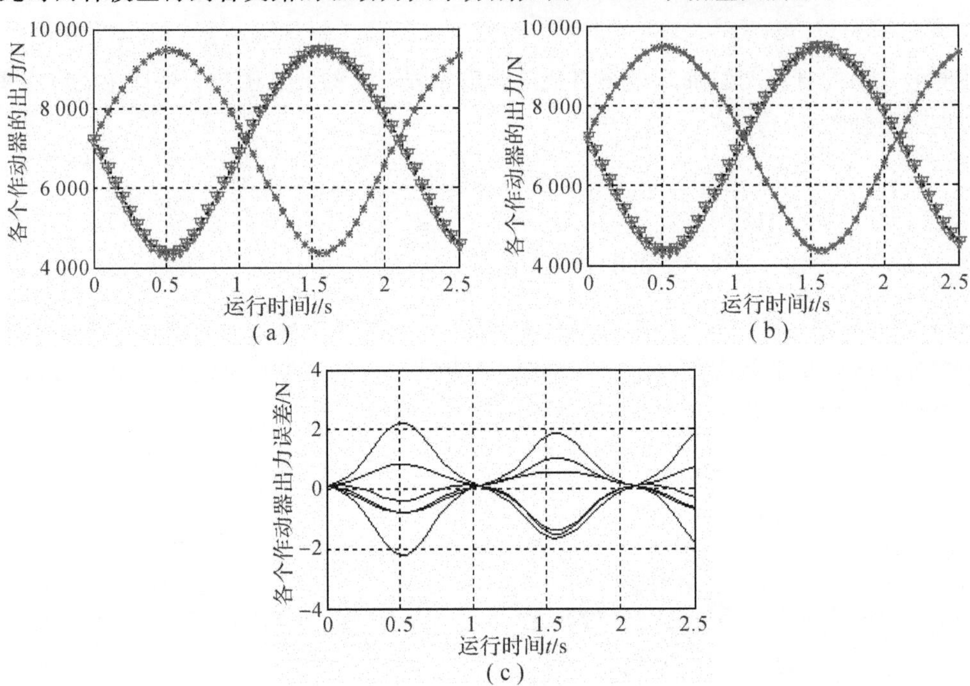

图 3-12　六自由度运动模拟平台作动器出力

(a) 运用完整模型得到的仿真结果;(b)运用简化模型得到的仿真结果;(c)作动器出力误差大小

由图 3-12 中所得仿真结果得到:两种模型得到的出力结果相差很小,即此时可以采用简化动力学模型计算作动器的出力大小。

2. 作动器沿轴线方向的转动惯量分量大小达到垂直于轴线方向的转动惯量分量大小的一定比例

Wang 与 Gosselin 在文献[11]中把活塞杆端与缸筒端两惯量矩阵中沿轴线方向的元素的值设置为垂直于轴线方向的元素值的 10%。为了进一步考虑惯量矩阵中沿轴线方向的元素大小的影响,假设其比例为 10%。此时设置惯量矩阵为

$$^{P_i}\boldsymbol{I}_2 = \mathrm{diag}\left(6.25, 6.25, \frac{6.25}{10}\right)^{\mathrm{T}} (\mathrm{kg} \cdot \mathrm{m}^2)\ ;\ ^{B_i}\boldsymbol{I}_1 = {}^{P_i}\boldsymbol{I}_2$$

其他参数与前例相同,然后进行复合平移运动,通过两种模型反解分析得到各支路的驱动力大小分别如图 3-13 中相应图所示。由图 3-13 中所得仿真结果得到:两种模型得到的出力结果相差很小,即此时可以采用简化动力学模型计算作动器的出力大小。为了进一步分析两种模型的误差,现进行转动分析。转动运动轨迹与上面例子中相同。此时两种模型得到各支路的驱动力大小分别如图 3-14 中相应图所示。

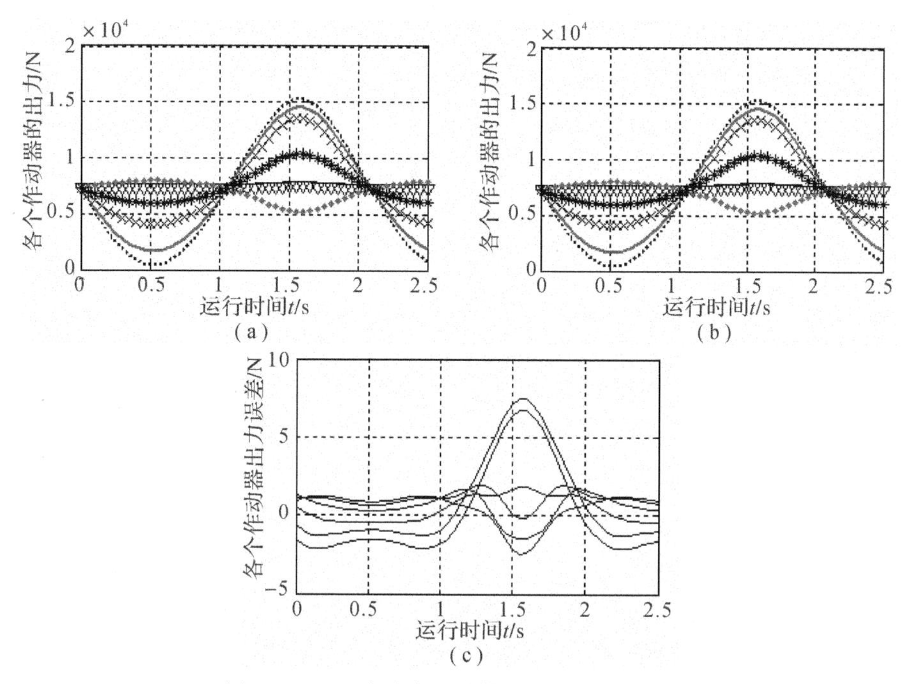

图 3-13　六自由度运动模拟平台作动器出力

(a) 运用完整模型得到的仿真结果；(b)运用简化模型得到的仿真结果；(c)作动器出力误差大小

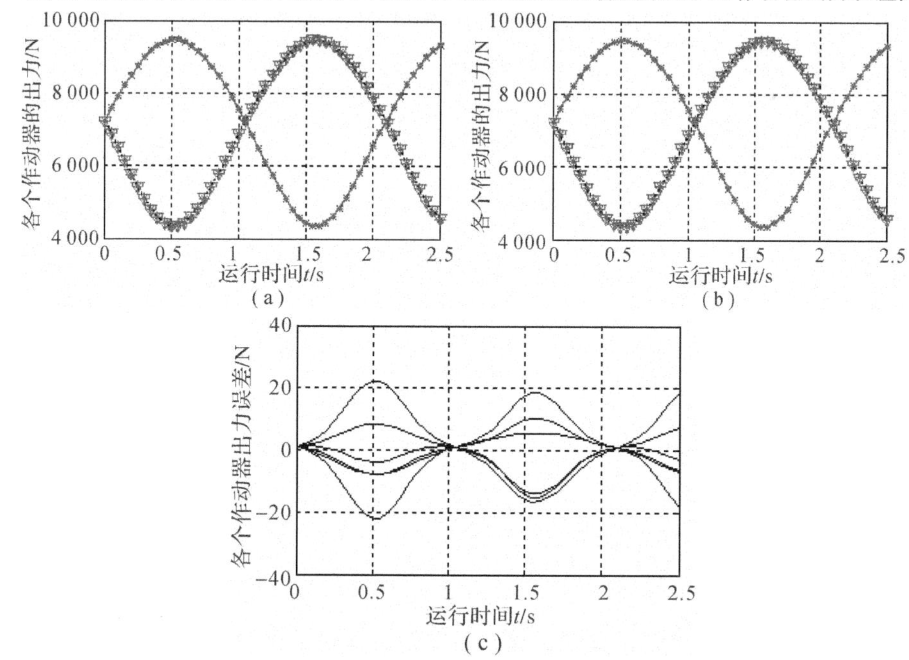

图 3-14　六自由度运动模拟平台作动器出力

(a) 运用完整模型得到的仿真结果；(b)运用简化模型得到的仿真结果；(c)作动器出力误差大小

由图 3－14 中所得仿真结果得到：两种模型得到的出力结果相差很小，即此时可以采用简化动力学模型计算作动器的出力大小。

3. 作动器沿轴线方向的转动惯量分量大小达到垂直于轴线方向的转动惯量分量大小的很大比例

为了进一步考虑惯量矩阵中沿轴线方向的元素大小的影响，现在把活塞杆端与缸筒端两惯量矩阵中沿轴线方向的元素的值设置为垂直于轴线方向的元素值的 50％，即为

$$^{P_i}\boldsymbol{I}_2 = \mathrm{diag}\left(6.25, 6.25, \frac{6.25}{2}\right)^{\mathrm{T}} (\mathrm{kg} \cdot \mathrm{m}^2)\ ; \quad ^{B_i}\boldsymbol{I}_1 = {}^{P_i}\boldsymbol{I}_2$$

然后采用复合平移运动，通过两种模型反解分析得到各支路的驱动力大小分别如图3－15中相应图所示。

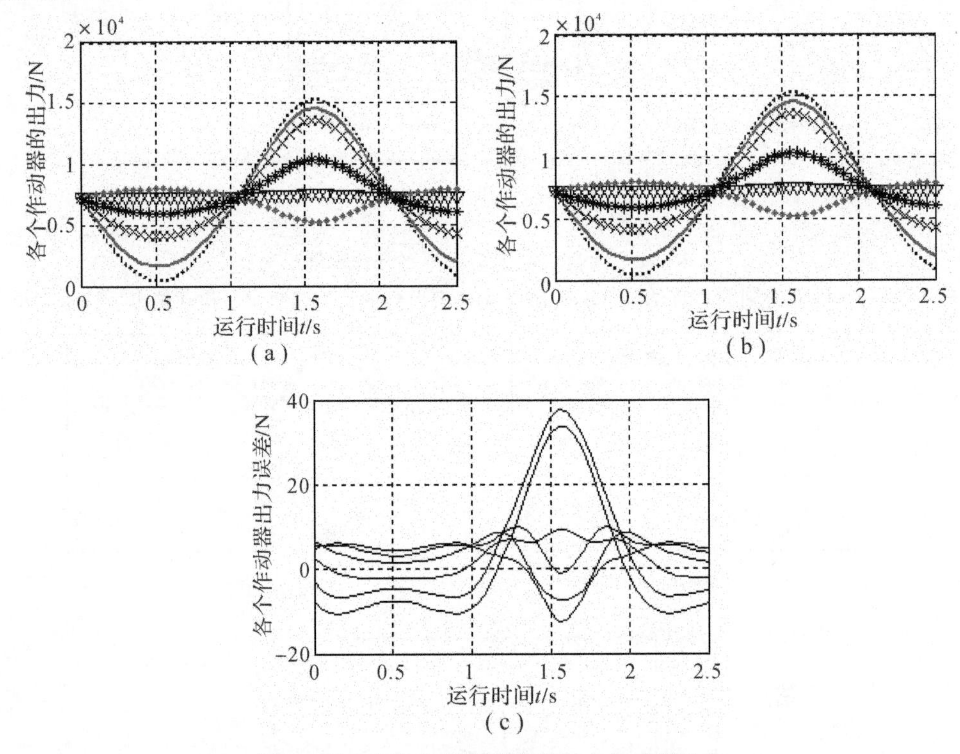

图 3－15　六自由度运动模拟平台作动器出力

(a) 运用完整模型得到的仿真结果；(b)运用简化模型得到的仿真结果；(c)作动器出力误差大小

由图 3－15 中仿真结果得到：两种模型得到的出力结果出现了很小的偏差。为了进一步分析两种模型的误差，现进行转动分析。转动运动轨迹与上面例子中相同。此时两种模型得到各支路的驱动力大小分别如图 3－16 中相应图所示。由图 3－16 中仿真结果得到：两种模型得到的出力结果出现了一定的偏差，约为 1％。

从这一节的 3 组仿真实例对比结果中得到：在低频下进行平移运动时，若只须计算作动器

的出力大小，此时采用 6-UPS 并联机器人按忽略支路绕自身轴线方向的转动建立的简化动力学模型对 6-UCU 型 Gough-Stewart 平台进行受力分析的结果是很精确的；进行转动运动时，当缸筒端沿轴线方向的转动惯量分量大小达到其垂直于轴线方向的转动惯量分量大小的 50%时，与活塞杆端沿轴线方向的转动惯量分量大小达到其垂直于轴线方向的转动惯量分量大小的 50%时，采用完整动力学模型和简化动力学模型计算得到作动器的出力大小出现了很小的偏差(1%)，即说明缸筒端与活塞杆端沿轴线方向的转动惯量分量大小会影响作动器的出力，但在低频时影响比较小。

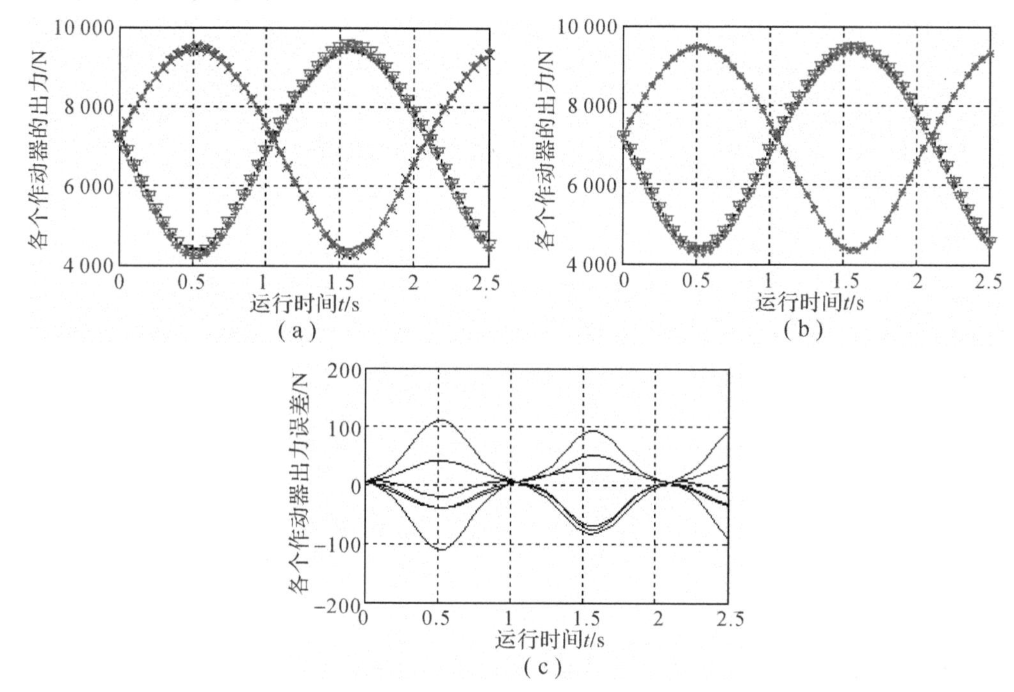

图 3-16　六自由度运动模拟平台作动器出力

(a) 运用完整模型得到的仿真结果；(b)运用简化模型得到的仿真结果；(c)作动器出力误差大小

3.6.2　高频正弦运动

在 3.6.1 节中的正弦运动频率设为 3rad/s，比较小，实际上可能需要在高频下运动。6-UCU型 Gough-Stewart 平台典型运动频率范围为 4～5Hz，现把正弦运动频率设置为 5Hz，其他参数大小和运行轨迹与 2.6.1 节中相应项的设置一样。

1. 作动器沿轴线方向的转动惯量分量大小相对于垂直于轴线方向的转动惯量分量大小可以忽略不计

此时假设活塞杆端与缸筒端两惯量矩阵中沿轴线方向的元素值为它们惯量矩阵中垂直于轴线方向元素值的 1%，然后采用复合平移运动，通过两种模型反解分析得到各支路的驱动力大小分别如图 3－17 中相应图所示。由图 3－17 中所得仿真结果得到：两种模型得到的出力结果相差很小，即此时可以采用简化动力学模型计算作动器的出力大小。为了进一步分析两种模型的误差，现进行转动分析。现假设与图 3－17 中实例所有的参数值一样，只是 6-UCU 型 Gough-Stewart 平台运动改为转动，此时两种模型得到各支路的驱动力大小分别如图 3－18 中相应图所示。

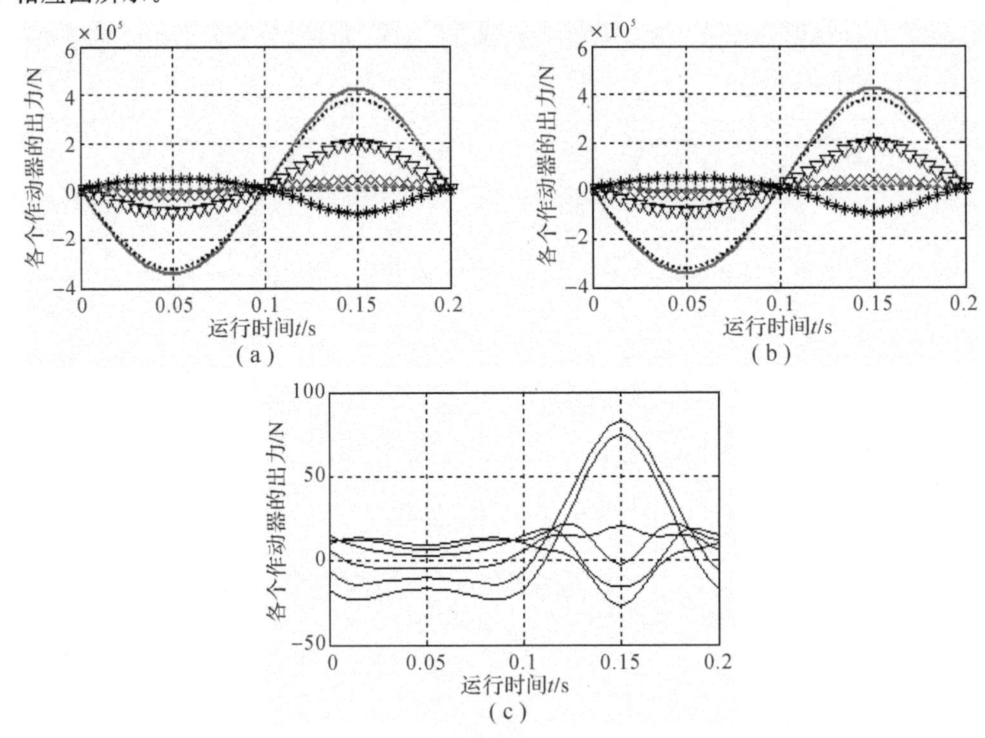

图 3－17 六自由度运动模拟平台作动器出力

(a) 运用完整模型得到的仿真结果；(b)运用简化模型得到的仿真结果；(c)作动器出力误差大小

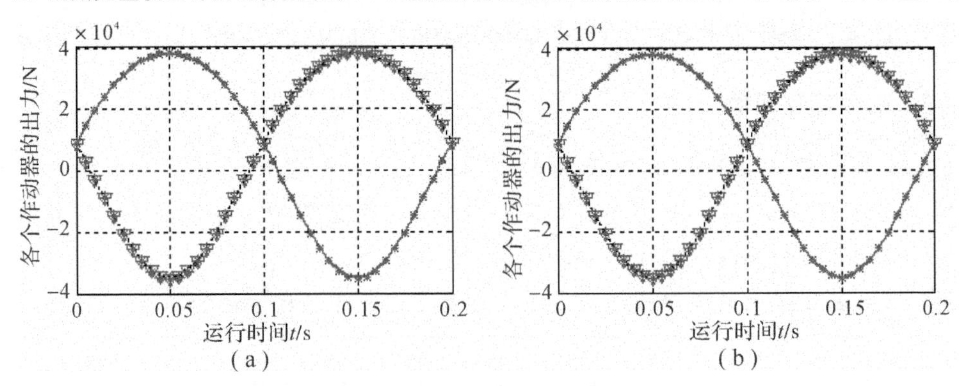

图 3－18　六自由度运动模拟平台作动器出力

(a) 运用完整模型得到的仿真结果；(b)运用简化模型得到的仿真结果

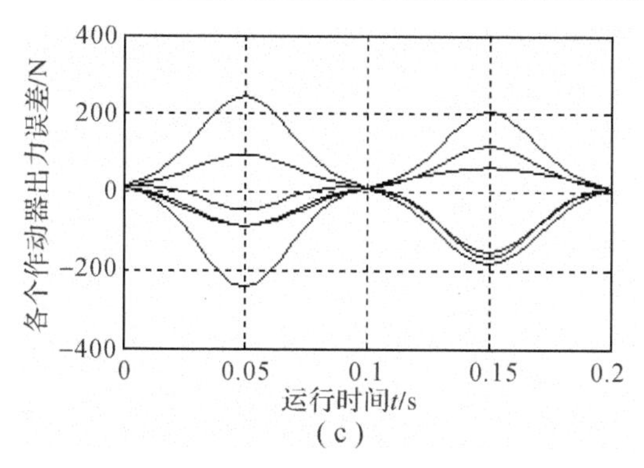

(c)

续图 3-18　六自由度运动模拟平台作动器出力

(c)作动器出力误差大小

由图 3-18 中仿真结果得到：两种模型得到的出力结果相差很小，约为 0.5%，即此时可采用简化的动力学模型计算作动器的出力大小。

2. 作动器沿轴线方向的转动惯量分量大小达到垂直于轴线方向的转动惯量分量大小的一定比例

为了进一步考虑惯量矩阵中沿轴线方向的元素大小的影响，现在把活塞杆端和缸筒端两惯量矩阵中沿轴线方向元素的值设置为其垂直于轴线方向元素值的 10%，然后采用复合平移运动，通过两种模型反解分析得到各支路的驱动力大小分别如图 3-19 中相应图所示。

由图 3-19 中仿真结果得到：两种模型得到的出力结果相差很小。为了进一步分析两种模型的误差，现进行转动分析。转动运动轨迹与上面例子中相同。此时通过两种模型分析得到各支路的驱动力大小分别如图 3-20 中相应图所示。

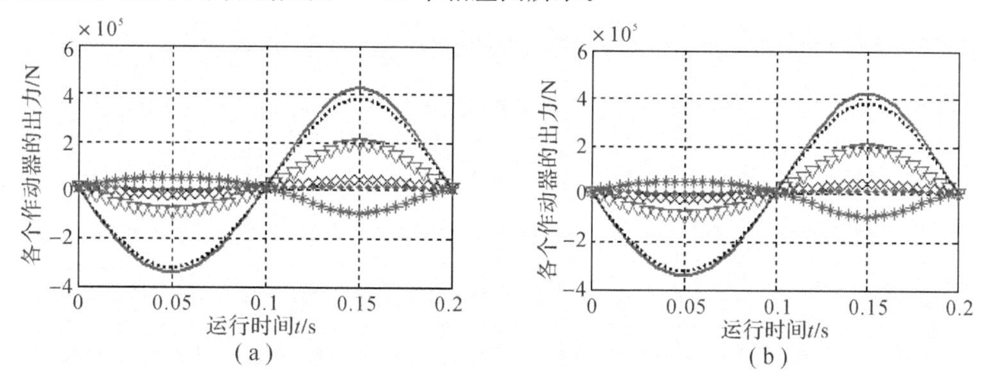

图 3-19　六自由度运动模拟平台作动器出力

(a) 运用完整模型得到的仿真结果；(b)运用简化模型得到的仿真结果

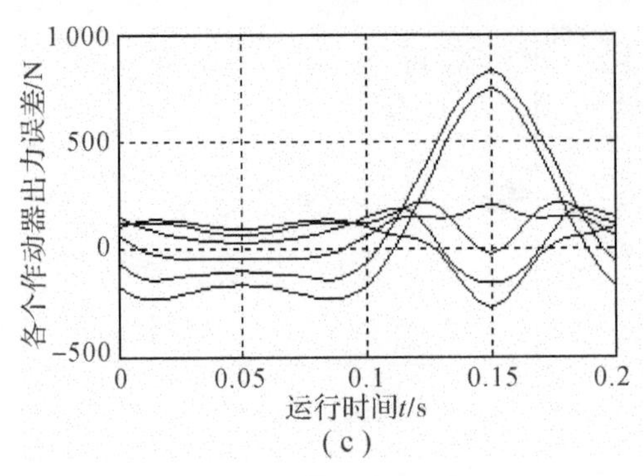

(c)

续图 3-19　六自由度运动模拟平台作动器出力

(c)作动器出力误差大小

由图 3-20 中所得仿真结果得到：两种模型得到的出力结果出现了一定的偏差，约为 5%。

3. 作动器沿轴线方向的转动惯量分量大小达到垂直于轴线方向的转动惯量分量大小的很大比例

为了进一步考虑惯量矩阵中沿轴线方向的元素大小的影响，现在把活塞杆端和缸筒端两惯量矩阵中沿轴线方向元素的值设置为其垂直于轴线方向元素值的 50%，然后采用复合平移运动，结果如图 3-21 所示。

由图 3-21 中仿真结果得到：两种模型得到的出力结果出现了约为 1% 的偏差。为了进一步分析两种模型的误差，现进行转动分析。转动运动轨迹与上面 3.6.1 中例子相同。此时通过两种模型分析得到各支路的驱动力大小分别如图 3-22 中相应图所示。由图 3-22 中仿真结果得到：两种模型得到的出力结果出现了很大的偏差，约为 20%。

从这一节的 3 组仿真实例对比结果中得到：在高频下，当活塞杆端和缸筒端沿轴线方向的转动惯量分量大小相对于垂直于轴线方向的转动惯量分量大小可以忽略不计(本节中取 1%)时，若只需计算作动器的出力大小，此时采用 6-UPS 型 Gough-Stewart 平台按忽略支路绕自身轴线方向的转动建立的简化动力学模型计算的结果是很精确的；当活塞杆端和缸筒端沿轴线方向的转动惯量分量大小达到其垂直于轴线方向的转动惯量分量大小的 10%时，转动运动时简化模型与完整模型计算得到作动器出力的大小值相差 5%，此时若需精确分析作动器的出力大小则需采用完整模型；当活塞杆端和缸筒端沿轴线方向的转动惯量分量大小达到其垂直于轴线方向的转动惯量分量大小的 50%时，转动运动时简化模型与完整模型得到作动器出力的大小值相差 20%，此时需利用完整模型才能正确计算得到作动器的出力大小。

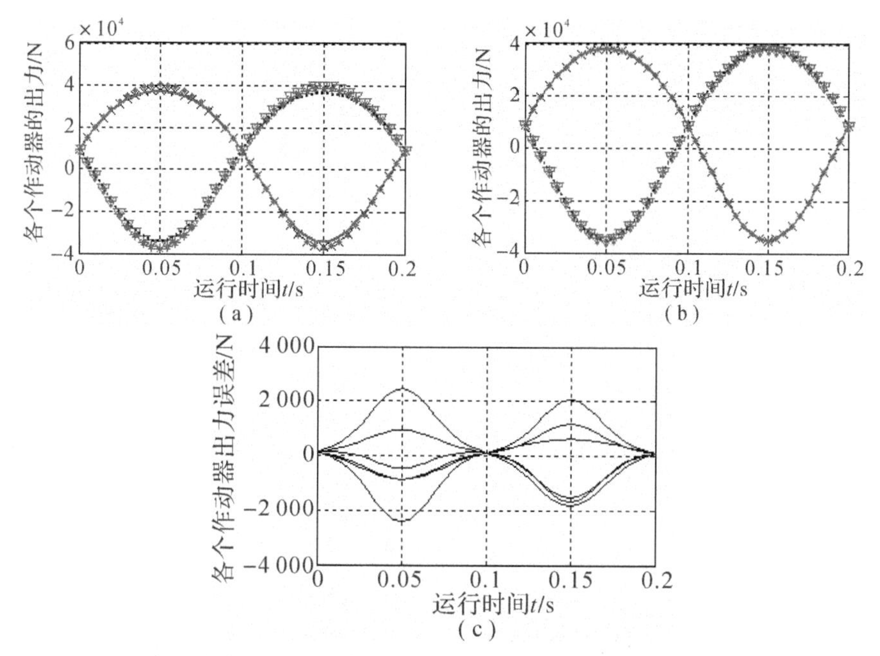

图 3-20　六自由度运动模拟平台作动器出力

(a) 运用完整模型得到的仿真结果;(b)运用简化模型得到的仿真结果;(c)作动器出力误差大小

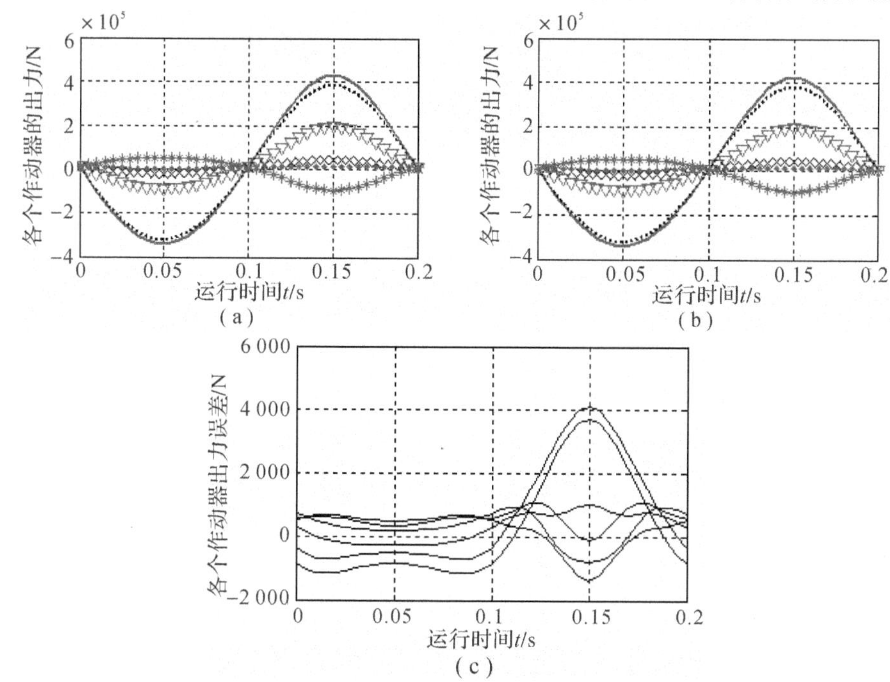

图 3-21　六自由度运动模拟平台作动器出力

(a) 运用完整模型得到的仿真结果;(b)运用简化模型得到的仿真结果;(c)作动器出力误差大小

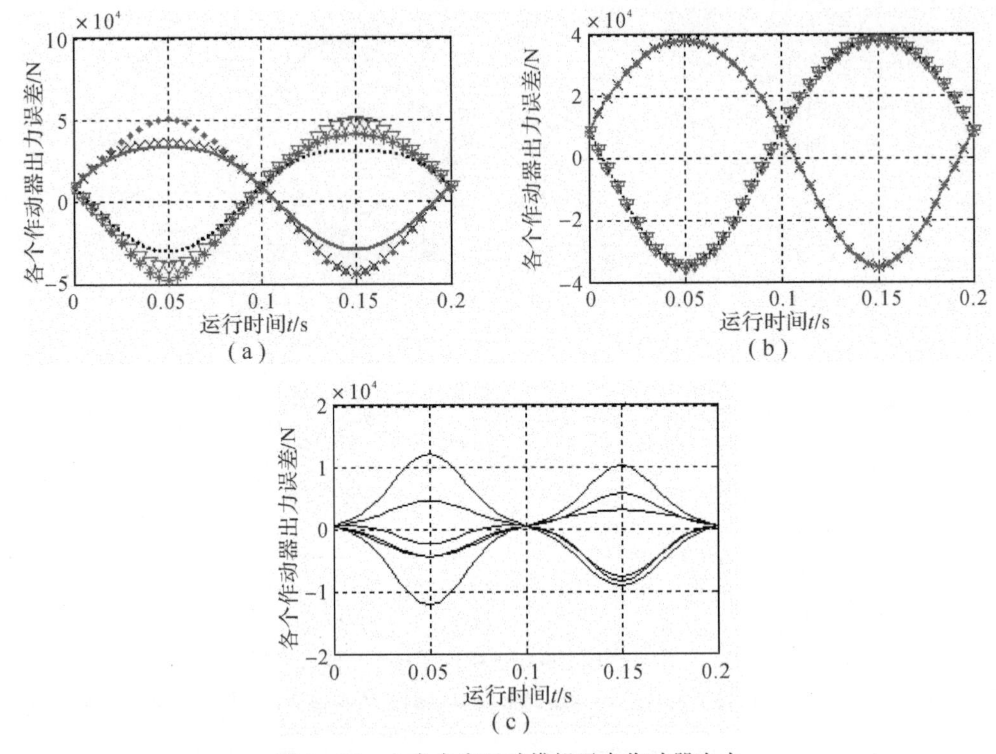

图 3－22　六自由度运动模拟平台作动器出力

(a) 运用完整模型得到的仿真结果；(b)运用简化模型得到的仿真结果；(c)作动器出力误差大小

3.7　本章小结

以前的学者一般把 6-UCU 型 Gough-Stewart 平台等效为下铰为虎克铰、上铰为球铰、中间为移动副的 6-UPS 并联机器人进行建模分析。本章对 6-UCU 型 Gough-Stewart 平台的实际结构形式——上铰为虎克铰、下铰也为虎克铰、中间为圆柱副的 6－UCU 型 Gough-Stewart 平台进行了建模分析，得到了各组成部分的运动状况与受力状况，这些工作为 6-UCU 型 Gough-Stewart 平台的设计分析提供了理论模型。完整运动学与完整动力学反解分析过程中得到了两种导致分母为零的特殊位姿：第一种为上虎克铰固定于动平台上的转轴方向与作动器的轴线方向共线；第二种为下虎克铰固定于定平台上的转轴方向与作动器的轴线方向共线。

很多学者计算 6-UCU 型 Gough-Stewart 平台作动器的出力时，采用 6-UPS 型 Gough-Stewart 平台按忽略作动器绕其轴线方向的转动运动的影响建立简化动力学模型。通过仿真实例对比分析得到了简化动力学模型与本章建立的完整动力学模型计算作动器出力时所适用的场合。

(1)在低频时，采用简化动力学模型能得到精确的作动器出力大小。

(2)在高频时,当作动器沿轴线方向的转动惯量分量大小相对于垂直于轴线方向的转动惯量分量大小可以忽略不计(如 1%)时,采用简化动力学模型能得到精确的作动器出力大小。

(3)在高频时,当作动器沿轴线方向的转动惯量分量大小达到垂直于轴线方向的转动惯量分量大小的一定比例(如 10%)时,需利用完整模型才能得到精确的作动器出力大小。

(4)在高频时,当作动器沿轴线方向的转动惯量分量大小达到垂直于轴线方向的转动惯量分量大小的很大比例(如 50%)时,需利用完整模型才能得到正确的作动器出力大小。

这些工作为 6-UCU 型 Gough-Stewart 平台动力学模型的选择提供了理论依据。

参 考 文 献

[1] Koekerakker S H. Model Based Control of A Flight Simulator Motion System[D]. Delft: Delft University of Technology, 2001:31 - 73.

[2] 何景峰. 液压驱动六自由度并联机器人特性及其控制策略研究[D]. 哈尔滨:哈尔滨工业大学,2007:21-35.

[3] 代小林, 何景峰, 韩俊伟, 等. 对接机构综合试验台运动模拟器的固有频率[J]. 吉林大学学报(工学版), 2009, 39(1): 308-313.

[4] 郭洪波. 液压驱动六自由度平台的动力学建模与控制[D]. 哈尔滨:哈尔滨工业大学, 2006:21-52.

[5] Liu Guojun, Zheng Shutao, Peter Ogbobe, et al. Inverse Kinematic and Dynamic Analyses of the 6-UCU Parallel Manipulator[C]// Numbers, Intelligence, Manufacturing Technology and Machinery Automation, Wuhan: 2011: 172-180.

[6] Gosselin C. Kinematic Analysis, Optimization and Programming of Parallel Robotic Manipulators[D]. Montréal: McGill University, 1988: 135-137.

[7] Harib K, Srinivasan K. Kinematic and Dynamic Analysis of Stewart Platform-Based Machine Tool Structures[J]. Robotica, 2003,21:541-554.

[8] 代小林. 三自由度并联机构分析与控制策略研究[D]. 哈尔滨:哈尔滨工业大学,2009:22-24.

[9] Rico J M, Duffy J. An Application of Screw Algebra to the Acceleration Analysis of Serial Chains[J]. Mechanism and Machine Theory, 1996, 31: 445-457.

[10] Tsai L W. Solving the Inverse Dynamic of A Stewart-Gough Platform Manipulator by the Principle of Virtual Work[J]. Journal of Mechanical Design, 2000, 122 (1): 3-9.

[11] Wang J, Gosselin C M. A New Approach for the Dynamic Analysis of Parallel Manipulators[J]. Multibody System Dynamics, 1998, 2(3): 317-334.

[12] Guo H B, Li H R. Dynamic Analysis and Simulation of a Six Degree of Freedom Stewart Platform Manipulator[J]. Proceedings of the Institution of Mechanical Engineers, Part C: Journal of Mechanical Engineering Science, 2006, 220(1): 61-72.

第 4 章　Gough-Stewart 平台的位置正解与固有频率求解

4.1　位 置 正 解

一般 Gough-Stewart 平台各个支路中有位移传感器，但动平台上一般不会有六维的位姿检测装置。为了实时得到动平台的位姿信息，实际 Gough-Stewart 平台一般是通过位置正解得到的[1-2]。由于并联机器人通常的控制系统采样周期在 1～2ms[3]，因此，Gough-Stewart 平台需要高效的位置正解迭代算法。Dieudonne 等人[1]和 Nguyen 等人[2]通过实验得到：通过 Newton-Raphson 迭代方法位置正解得到的位姿精度很好，误差可忽略不计。下面介绍通过 Newton-Raphson 迭代方法得到位置正解的方法。

用 $\boldsymbol{q}=[x \quad y \quad z \quad \varphi \quad \theta \quad \psi]^{\mathrm{T}}$ 表示动平台的位姿，其中 x，y，z 表示控制点 O_L 在惯性坐标系 {**W**} 中的位置矢量 $\boldsymbol{p}$ 分别沿轴线 X_W，Y_W 和 Z_W 的投影，即为线位移量。φ，θ，ψ 分别表示采用 ZYX 欧拉角描述动平台上体坐标系 {**L**} 相对于惯性坐标系 {**W**} 转动的横摇角、纵摇角和偏航角的大小。

由第 3 章位置反解，可得到两铰点之间的杆长 l_i 为

$$l_i=\sqrt{(\boldsymbol{p}+\boldsymbol{R}^L\boldsymbol{p}_i-\boldsymbol{b}_i)^{\mathrm{T}}(\boldsymbol{p}+\boldsymbol{R}^L\boldsymbol{p}_i-\boldsymbol{b}_i)} \tag{4-1}$$

式中，旋转矩阵 $\boldsymbol{R}$ 为

$$\boldsymbol{R}=\begin{bmatrix} \mathrm{c}\psi\mathrm{c}\theta & \mathrm{c}\psi\mathrm{s}\theta\mathrm{s}\phi-\mathrm{s}\psi\mathrm{c}\phi & \mathrm{s}\psi\mathrm{s}\phi+\mathrm{c}\psi\mathrm{s}\theta\mathrm{c}\phi \\ \mathrm{s}\psi\mathrm{c}\theta & \mathrm{c}\psi\mathrm{c}\phi+\mathrm{s}\psi\mathrm{s}\theta\mathrm{s}\phi & \mathrm{s}\psi\mathrm{s}\theta\mathrm{c}\phi-\mathrm{c}\psi\mathrm{c}\phi \\ -\mathrm{s}\theta & \mathrm{c}\theta\mathrm{s}\phi & \mathrm{c}\theta\mathrm{c}\phi \end{bmatrix}$$

若已知 $\boldsymbol{q}=[x \quad y \quad z \quad \varphi \quad \theta \quad \psi]^{\mathrm{T}}$，求解 l_i 的大小，为位置反解。前面第 2 章与第 3 章中有详细介绍。

现在反过来，已知两铰点之间的杆长 l_{im} 值（l_{im} 表示第 i 个支路通过位移传感器测量得到的杆长值），要求出平台的位姿 $\boldsymbol{q}=[x \quad y \quad z \quad \phi \quad \theta \quad \psi]^{\mathrm{T}}$ 值，这是位置正解。

实际工程中一般用 Newton-Raphson 迭代方法求解位置正解。为了应用 Newton-Raphson 迭代方法求解平台的位姿，定义一个向量函数（以下过程是根据加拿大不列颠哥伦比亚大学(University of British Columbia，UBC) Richard Anstee 教授关于 Newton-Raphson 迭代方法的讲义[4]进行介绍的。Dieudonne 等人[1]和 Nguyen 等人[2]采用的向量函数为杆长的二次方，本节所采用的向量函数与他们的不同）：

$$\boldsymbol{F}(\boldsymbol{q})=\begin{bmatrix}f_1\\f_2\\f_3\\f_4\\f_5\\f_6\end{bmatrix}=\begin{bmatrix}l_{1m}-\sqrt{(\boldsymbol{p}+\boldsymbol{R}^L\boldsymbol{p}_1-\boldsymbol{b}_1)^{\mathrm{T}}(\boldsymbol{p}+\boldsymbol{R}^L\boldsymbol{p}_1-\boldsymbol{b}_1)}\\l_{2m}-\sqrt{(\boldsymbol{p}+\boldsymbol{R}^L\boldsymbol{p}_2-\boldsymbol{b}_2)^{\mathrm{T}}(\boldsymbol{p}+\boldsymbol{R}^L\boldsymbol{p}_2-\boldsymbol{b}_2)}\\l_{3m}-\sqrt{(\boldsymbol{p}+\boldsymbol{R}^L\boldsymbol{p}_3-\boldsymbol{b}_3)^{\mathrm{T}}(\boldsymbol{p}+\boldsymbol{R}^L\boldsymbol{p}_3-\boldsymbol{b}_3)}\\l_{4m}-\sqrt{(\boldsymbol{p}+\boldsymbol{R}^L\boldsymbol{p}_4-\boldsymbol{b}_4)^{\mathrm{T}}(\boldsymbol{p}+\boldsymbol{R}^L\boldsymbol{p}_4-\boldsymbol{b}_4)}\\l_{5m}-\sqrt{(\boldsymbol{p}+\boldsymbol{R}^L\boldsymbol{p}_5-\boldsymbol{b}_5)^{\mathrm{T}}(\boldsymbol{p}+\boldsymbol{R}^L\boldsymbol{p}_5-\boldsymbol{b}_5)}\\l_{6m}-\sqrt{(\boldsymbol{p}+\boldsymbol{R}^L\boldsymbol{p}_6-\boldsymbol{b}_6)^{\mathrm{T}}(\boldsymbol{p}+\boldsymbol{R}^L\boldsymbol{p}_6-\boldsymbol{b}_6)}\end{bmatrix}=\begin{bmatrix}0\\0\\0\\0\\0\\0\end{bmatrix}\tag{4-2}$$

假设 x_0，y_0，z_0，ϕ_0，θ_0，ψ_0 分别是 x，y，z，ϕ，θ，ψ 的良好估计，然后设定 $x=x_0+x_s$，$y=y_0+y_s$，$z=z_0+z_s$，$\phi=\phi_0+\phi_s$，$\theta=\theta_0+\theta_s$，$\psi=\psi_0+\psi_s$，其中 x_s，y_s，z_s，ϕ_s，θ_s，ψ_s 是微小量。

根据一阶 Taylor 公式[5]，可得到

$$\begin{aligned}\begin{bmatrix}0\\0\\0\\0\\0\\0\end{bmatrix}&=\boldsymbol{F}(\boldsymbol{q})\approx\boldsymbol{F}\left(\begin{bmatrix}x_0\\y_0\\z_0\\\phi_0\\\theta_0\\\psi_0\end{bmatrix}\right)+\begin{bmatrix}\dfrac{\partial f_1(\boldsymbol{q})}{\partial q_1}&\cdots&\dfrac{\partial f_1(\boldsymbol{q})}{\partial q_6}\\\vdots&&\vdots\\\dfrac{\partial f_6(\boldsymbol{q})}{\partial q_1}&\cdots&\dfrac{\partial f_6(\boldsymbol{q})}{\partial q_6}\end{bmatrix}_{\boldsymbol{q}=\boldsymbol{q}_0}\begin{bmatrix}x_s\\y_s\\z_s\\\phi_s\\\theta_s\\\psi_s\end{bmatrix}=\\&\left(\begin{bmatrix}l_{1m}\\l_{2m}\\l_{3m}\\l_{4m}\\l_{5m}\\l_{6m}\end{bmatrix}-\begin{bmatrix}l_{10}\\l_{20}\\l_{30}\\l_{40}\\l_{50}\\l_{60}\end{bmatrix}\right)+\begin{bmatrix}\dfrac{\partial f_1(\boldsymbol{q})}{\partial q_1}&\cdots&\dfrac{\partial f_1(\boldsymbol{q})}{\partial q_6}\\\vdots&&\vdots\\\dfrac{\partial f_6(\boldsymbol{q})}{\partial q_1}&\cdots&\dfrac{\partial f_6(\boldsymbol{q})}{\partial q_6}\end{bmatrix}_{\boldsymbol{q}=\boldsymbol{q}_0}\begin{bmatrix}x_s\\y_s\\z_s\\\phi_s\\\theta_s\\\psi_s\end{bmatrix}=\\&(\boldsymbol{l}_m-\boldsymbol{l}_0)+\begin{bmatrix}\dfrac{\partial f_1(\boldsymbol{q})}{\partial q_1}&\cdots&\dfrac{\partial f_1(\boldsymbol{q})}{\partial q_6}\\\vdots&&\vdots\\\dfrac{\partial f_6(\boldsymbol{q})}{\partial q_1}&\cdots&\dfrac{\partial f_6(\boldsymbol{q})}{\partial q_6}\end{bmatrix}_{\boldsymbol{q}=\boldsymbol{q}_0}\begin{bmatrix}x_s\\y_s\\z_s\\\phi_s\\\theta_s\\\psi_s\end{bmatrix}\end{aligned}\tag{4-3}$$

其中 $\boldsymbol{q}_0=[x_0\quad y_0\quad z_0\quad \phi_0\quad \theta_0\quad \psi_0]^{\mathrm{T}}$，$\boldsymbol{l}_m=[l_{1m}\quad l_{2m}\quad l_{3m}\quad l_{4m}\quad l_{5m}\quad l_{6m}]^{\mathrm{T}}$ 表示实际用位移传感器测量得到的 6 个杆长，$\boldsymbol{l}_0=[l_{10}\quad l_{20}\quad l_{30}\quad l_{40}\quad l_{50}\quad l_{60}]^{\mathrm{T}}$ 表示在位姿 x_0，y_0，z_0，ϕ_0，θ_0，ψ_0 下的 6 个杆长。

当 $\begin{bmatrix} \frac{\partial f_1(\boldsymbol{q})}{\partial q_1} & \cdots & \frac{\partial f_1(\boldsymbol{q})}{\partial q_6} \\ \vdots & & \vdots \\ \frac{\partial f_6(\boldsymbol{q})}{\partial q_1} & \cdots & \frac{\partial f_6(\boldsymbol{q})}{\partial q_6} \end{bmatrix}$ 不奇异时,可得到

$$\begin{bmatrix} x_s \\ y_s \\ z_s \\ \phi_s \\ \theta_s \\ \psi_s \end{bmatrix} \approx - \begin{bmatrix} \frac{\partial f_1(\boldsymbol{q})}{\partial q_1} & \cdots & \frac{\partial f_1(\boldsymbol{q})}{\partial q_6} \\ \vdots & & \vdots \\ \frac{\partial f_6(\boldsymbol{q})}{\partial q_1} & \cdots & \frac{\partial f_6(\boldsymbol{q})}{\partial q_6} \end{bmatrix}_{\boldsymbol{q}=\boldsymbol{q}_0}^{-1} (\boldsymbol{l}_m - \boldsymbol{l}_0) \tag{4-4}$$

x , y , z , ϕ , θ , ψ 新的估计值为

$$\boldsymbol{q}_1 = \begin{bmatrix} x_1 \\ y_1 \\ z_1 \\ \phi_1 \\ \theta_1 \\ \psi_1 \end{bmatrix} \approx \begin{bmatrix} x_0 \\ y_0 \\ z_0 \\ \phi_0 \\ \theta_0 \\ \psi_0 \end{bmatrix} - \begin{bmatrix} \frac{\partial f_1(\boldsymbol{q})}{\partial q_1} & \cdots & \frac{\partial f_1(\boldsymbol{q})}{\partial q_6} \\ \vdots & & \vdots \\ \frac{\partial f_6(\boldsymbol{q})}{\partial q_1} & \cdots & \frac{\partial f_6(\boldsymbol{q})}{\partial q_6} \end{bmatrix}_{\boldsymbol{q}=\boldsymbol{q}_0}^{-1} (\boldsymbol{l}_m - \boldsymbol{l}_0) \tag{4-5}$$

即为

$$\boldsymbol{q}_1 \approx \boldsymbol{q}_0 - \begin{bmatrix} \frac{\partial f_1(\boldsymbol{q})}{\partial q_1} & \cdots & \frac{\partial f_1(\boldsymbol{q})}{\partial q_6} \\ \vdots & & \vdots \\ \frac{\partial f_6(\boldsymbol{q})}{\partial q_1} & \cdots & \frac{\partial f_6(\boldsymbol{q})}{\partial q_6} \end{bmatrix}_{\boldsymbol{q}=\boldsymbol{q}_0}^{-1} (\boldsymbol{l}_m - \boldsymbol{l}_0) \tag{4-6}$$

然后下一步的估计值 $\boldsymbol{q}_2$ 求得过程跟上面类似为

$$\boldsymbol{q}_2 \approx \boldsymbol{q}_1 - \begin{bmatrix} \frac{\partial f_1(\boldsymbol{q})}{\partial q_1} & \cdots & \frac{\partial f_1(\boldsymbol{q})}{\partial q_6} \\ \vdots & & \vdots \\ \frac{\partial f_6(\boldsymbol{q})}{\partial q_1} & \cdots & \frac{\partial f_6(\boldsymbol{q})}{\partial q_6} \end{bmatrix}_{\boldsymbol{q}=\boldsymbol{q}_1}^{-1} (\boldsymbol{l}_m - \boldsymbol{l}_1) \tag{4-7}$$

从而可得到位姿的迭代公式如下[4-5]:

$$\boldsymbol{q}_{n+1} \approx \boldsymbol{q}_n - \begin{bmatrix} \frac{\partial f_1(\boldsymbol{q})}{\partial q_1} & \cdots & \frac{\partial f_1(\boldsymbol{q})}{\partial q_6} \\ \vdots & & \vdots \\ \frac{\partial f_6(\boldsymbol{q})}{\partial q_1} & \cdots & \frac{\partial f_6(\boldsymbol{q})}{\partial q_6} \end{bmatrix}_{\boldsymbol{q}=\boldsymbol{q}_n}^{-1} (\boldsymbol{l}_m - \boldsymbol{l}_n) \tag{4-8}$$

根据偏微分的运算,可得到

$$\left.\begin{aligned}\frac{\partial f_1}{\partial q_1}=\frac{\partial f_1}{\partial x}=\frac{\partial(l_{1m}-l_1)}{\partial x}=-\frac{\partial l_1}{\partial x}=-\frac{\partial\dot{l}_1}{\partial\dot{x}}\\ \cdots\cdots\\ \frac{\partial f_6}{\partial q_6}=\frac{\partial f_6}{\partial\psi}=\frac{\partial(l_{6m}-l_6)}{\partial\psi}=-\frac{\partial l_6}{\partial\psi}=-\frac{\partial\dot{l}_6}{\partial\dot{\psi}}\end{aligned}\right\}\tag{4-9}$$

根据第 3 章的分析,可得

$$\dot{\boldsymbol{l}}=\boldsymbol{J}\begin{bmatrix}1&0&0&0&0&0\\0&1&0&0&0&0\\0&0&1&0&0&0\\0&0&0&\mathrm{c}\psi\mathrm{c}\theta&-\mathrm{s}\psi&0\\0&0&0&\mathrm{s}\psi\mathrm{c}\theta&\mathrm{c}\psi&0\\0&0&0&-\mathrm{s}\theta&0&1\end{bmatrix}\begin{bmatrix}\dot{x}\\\dot{y}\\\dot{z}\\\dot{\phi}\\\dot{\theta}\\\dot{\psi}\end{bmatrix}\tag{4-10}$$

即

$$\dot{\boldsymbol{l}}=\boldsymbol{J}_{\mathrm{mod}i}\begin{bmatrix}\dot{x}\\\dot{y}\\\dot{z}\\\dot{\phi}\\\dot{\theta}\\\dot{\psi}\end{bmatrix}\tag{4-11}$$

其中

$$\boldsymbol{J}_{\mathrm{mod}i}=\boldsymbol{J}\begin{bmatrix}1&0&0&0&0&0\\0&1&0&0&0&0\\0&0&1&0&0&0\\0&0&0&\mathrm{c}\psi\mathrm{c}\theta&-\mathrm{s}\psi&0\\0&0&0&\mathrm{s}\psi\mathrm{c}\theta&\mathrm{c}\psi&0\\0&0&0&-\mathrm{s}\theta&0&1\end{bmatrix}\tag{4-12}$$

根据式(4-9)和式(4-12),可得

$$\begin{bmatrix}\dfrac{\partial f_1(\boldsymbol{q})}{\partial q_1}&\cdots&\dfrac{\partial f_1(\boldsymbol{q})}{\partial q_6}\\\vdots&&\vdots\\\dfrac{\partial f_6(\boldsymbol{q})}{\partial q_1}&\cdots&\dfrac{\partial f_6(\boldsymbol{q})}{\partial q_6}\end{bmatrix}=-\boldsymbol{J}_{\mathrm{mod}i}(\boldsymbol{q})\tag{4-13}$$

从而式(4－8)可表示为

$$\boldsymbol{q}_{n+1} \approx \boldsymbol{q}_n + \boldsymbol{J}_{\mathrm{modi}}^{-1}(\boldsymbol{q}_n)(\boldsymbol{l}_m - \boldsymbol{l}_n) \tag{4-14}$$

式中，n 为迭代次数。

由于上面求偏导式中是采用 ZYX 欧拉角描述动平台上体坐标系{**L**}相对于惯性坐标系{**W**}转动的横摇角、纵摇角和偏航角 φ，θ，ψ，从而实际中迭代算出来的位姿 $\boldsymbol{q}$ 值也是欧拉角[1-2]。式(4－14)中的雅克比矩阵是更改后的 $\boldsymbol{J}_{\mathrm{modi}}$ [1-2]，而不是在第 3 章中得到的雅克比矩阵 $\boldsymbol{J}$ 。Dieudonne 等人[1]和 Nguyen 等人[2]在他们的报告中已经特别指出来了。著名机器人专家 Gosselin 在他的博士论文[6]138 页中引用 Dieudonne 等人的报告[1]，特别注明位置正解得到的转角是欧拉角。

位置正解 Newton-Raphson 迭代算法步骤如下：

步骤 1：选择一个初始位姿值 $\boldsymbol{q}_0$ ；

步骤 2：把 $\boldsymbol{q}_0$ 代入式(4－2)，得到 $\boldsymbol{F}(\boldsymbol{q})$ 值；

步骤 3：把 $\boldsymbol{q}_0$ 代入式(4－12)，计算得到更改后的雅克比矩阵 $\boldsymbol{J}_{\mathrm{modi}}(\boldsymbol{q}_0)$ ；

步骤 4：判别是否满足终止条件。若满足终止条件，终止迭代；若不满足终止条件，运行步骤 5；

步骤 5：按式(4－14)计算新的位姿值，然后重复执行步骤 1 至步骤 5。

终止迭代时的 $\boldsymbol{q}$ 值是位置正解得到的位姿值。若位置正解是用于得到实时的位姿信息，上述步骤 4 中的终止条件可以是迭代次数，一般 3 次可以满足要求。Dieudonne 等人[1]通过一次迭代得到的位姿与实际测量的位姿相差很小。

4.2 固有频率求解

Gough-Stewart 平台的固有频率大小限定了系统的带宽，是一个很重要的性能指标。若输入信号的频率与 Gough-Stewart 平台系统固有频率相差很少，会引起拍振[7]。若输入信号的频率与 Gough-Stewart 平台系统固有频率相同时，会引起共振[7]。因此在设计 Gough-Stewart 平台的过程中，需要对其固有频率进行分析。

为了方便地对 Gough-Stewart 平台系统的固有频率进行估算，假设以下条件成立[8]：动平台和静平台都是刚性的；支路中只有沿轴向的平动刚度，没有转动刚度，即可以把支路等效为一个沿轴向的线性弹簧。

因为需要计算的是固有频率，不须考虑阻尼和外力的影响[8]。当雅可比矩阵 $\boldsymbol{J}$ 不奇异时，由第 2 章式(2－46)可求得支路的等效弹簧支撑力 $\boldsymbol{F}_{sp}$ 为

$$\boldsymbol{F}_{sp} = -\boldsymbol{J}^{-\mathrm{T}}\left[\boldsymbol{J}_C^{\mathrm{T}}\boldsymbol{F}_C + \sum_{j=1}^{6}(\boldsymbol{J}_{1j}^{\mathrm{T}}\boldsymbol{F}_{1j} + \boldsymbol{J}_{2j}^{\mathrm{T}}\boldsymbol{F}_{2j})\right] \tag{4-15}$$

式中　$\boldsymbol{F}_{sp}$ ——各个支路的等效弹簧支撑力，为

$$
\boldsymbol{F}_{sp} = -\begin{bmatrix} k_1\Delta l_1 \\ k_2\Delta l_2 \\ k_3\Delta l_3 \\ k_4\Delta l_4 \\ k_5\Delta l_5 \\ k_6\Delta l_6 \end{bmatrix} = -\begin{bmatrix} k_1 & 0 & 0 & 0 & 0 & 0 \\ 0 & k_2 & 0 & 0 & 0 & 0 \\ 0 & 0 & k_3 & 0 & 0 & 0 \\ 0 & 0 & 0 & k_4 & 0 & 0 \\ 0 & 0 & 0 & 0 & k_5 & 0 \\ 0 & 0 & 0 & 0 & 0 & k_6 \end{bmatrix}\begin{bmatrix} \Delta l_1 \\ \Delta l_2 \\ \Delta l_3 \\ \Delta l_4 \\ \Delta l_5 \\ \Delta l_6 \end{bmatrix} =
$$

$$
-\operatorname{diag}[k_1 \quad k_2 \quad k_3 \quad k_4 \quad k_5 \quad k_6]\begin{bmatrix} \Delta l_1 \\ \Delta l_2 \\ \Delta l_3 \\ \Delta l_4 \\ \Delta l_5 \\ \Delta l_6 \end{bmatrix} \tag{4-16}
$$

由于第 2 章中各个支路 z 轴的正向定义为从下铰点指向上铰点，式(4－16)中需要负号。即力的方向为：弹簧压缩时为正，弹簧升长时为负。式中，$k_i(i=1,\cdots,6)$ 为各个支路的等效弹性系数。

$$
\Delta l_i = l_i - l_{i0} \quad (i=1,\cdots,6) \tag{4-17}
$$

式中，$l_{i0}(i=1,\cdots,6)$ 表示在平衡位置时，各个支路的连杆长度。

由于 Δl_i 是微小量，根据第 2 章式(2－19)得到：

$$
\begin{bmatrix} \Delta l_1 \\ \Delta l_2 \\ \Delta l_3 \\ \Delta l_4 \\ \Delta l_5 \\ \Delta l_6 \end{bmatrix} = \boldsymbol{J}\Delta\boldsymbol{x}_p \tag{4-18}
$$

式中，$\Delta\boldsymbol{x}_p = \boldsymbol{x}_p - \boldsymbol{x}_{p0}$，$\boldsymbol{x}_{p0}$ 为平衡位置时对应的位姿状态。

结合式(4－16)与式(4－18)，得到

$$
\boldsymbol{F}_{sp} = -\operatorname{diag}(k_1 \quad \cdots \quad k_6)\boldsymbol{J}\Delta\boldsymbol{x}_p \tag{4-19}
$$

把式(4－19)代入式(4－15)，得到

$$
\boldsymbol{J}^{\mathrm{T}}\operatorname{diag}(k_1 \quad \cdots \quad k_6)\boldsymbol{J}\Delta\boldsymbol{x}_p = \left[\boldsymbol{J}_C^{\mathrm{T}}\boldsymbol{F}_C + \sum_{i=1}^{6}(\boldsymbol{J}_{1i}^{\mathrm{T}}\boldsymbol{F}_{1i} + \boldsymbol{J}_{2i}^{\mathrm{T}}\boldsymbol{F}_{2i})\right] \tag{4-20}
$$

由第 2 章分析可知

$$
\boldsymbol{F}_C = \begin{bmatrix} \hat{\boldsymbol{f}}_C \\ \hat{\boldsymbol{n}}_C \end{bmatrix} = \begin{bmatrix} \boldsymbol{f}_{\mathrm{e}} + m_C\boldsymbol{g} - m_C\boldsymbol{a}_C \\ \boldsymbol{n}_{\mathrm{e}} - \boldsymbol{I}_C\boldsymbol{\alpha}_{\mathrm{p}} - \boldsymbol{\omega}_{\mathrm{p}} \times (\boldsymbol{I}_C\boldsymbol{\omega}_{\mathrm{p}}) \end{bmatrix} \tag{4-21}
$$

$$
\boldsymbol{F}_{1i} = \begin{bmatrix} \hat{\boldsymbol{f}}_{1i} \\ \hat{\boldsymbol{n}}_{1i} \end{bmatrix} = \begin{bmatrix} m_1\boldsymbol{g} - m_1\boldsymbol{a}_{1i} \\ -\boldsymbol{I}_{1i}\boldsymbol{\alpha}_i - \boldsymbol{\omega}_i \times (\boldsymbol{I}_{1i}\boldsymbol{\omega}_i) \end{bmatrix} \tag{4-22}
$$

$$\boldsymbol{F}_{2i}=\begin{bmatrix}\hat{\boldsymbol{f}}_{2i}\\ \hat{\boldsymbol{n}}_{2i}\end{bmatrix}=\begin{bmatrix}m_2\boldsymbol{g}-m_2\boldsymbol{a}_{2i}\\ -\boldsymbol{I}_{2i}\boldsymbol{\alpha}_i-\boldsymbol{\omega}_i\times(\boldsymbol{I}_{2i}\boldsymbol{\omega}_i)\end{bmatrix} \tag{4-23}$$

根据振动理论，系统的阻尼、所受的外力和所受的重力并不影响系统振动的固有频率，从而可把式(4-21)、式(4-23)中与阻尼、所受的外力和重力相关的项都设为0，得到

$$\boldsymbol{F}'_C=-\begin{bmatrix}m_C\boldsymbol{a}_C\\ \boldsymbol{I}_C\boldsymbol{\alpha}_{\mathrm{p}}\end{bmatrix} \tag{4-24}$$

$$\boldsymbol{F}'_{1i}=-\begin{bmatrix}m_1\boldsymbol{a}_{1i}\\ \boldsymbol{I}_{1i}\boldsymbol{\alpha}_i\end{bmatrix} \tag{4-25}$$

$$\boldsymbol{F}'_{2i}=-\begin{bmatrix}m_2\boldsymbol{a}_{2i}\\ \boldsymbol{I}_{2i}\boldsymbol{\alpha}_i\end{bmatrix} \tag{4-26}$$

由第2章的分析，我们知道

$$\ddot{\boldsymbol{l}}=\dot{\boldsymbol{J}}\begin{bmatrix}\boldsymbol{v}_{\mathrm{p}}\\ \boldsymbol{\omega}_{\mathrm{p}}\end{bmatrix}+\boldsymbol{J}\begin{bmatrix}\boldsymbol{a}_{\mathrm{p}}\\ \boldsymbol{\alpha}_{\mathrm{p}}\end{bmatrix} \tag{4-27}$$

$$\boldsymbol{a}_{1i}=\dot{\boldsymbol{v}}_{1i}=\boldsymbol{\alpha}_i\times\boldsymbol{c}_{1i}+\boldsymbol{\omega}_i\times(\boldsymbol{\omega}_i\times\boldsymbol{c}_{1i}) \tag{4-28}$$

$$\begin{aligned}\boldsymbol{a}_{2i}=\dot{\boldsymbol{v}}_{2i}=&\boldsymbol{\alpha}_i\times(l_i\boldsymbol{n}_i+\boldsymbol{c}_{2i})+2\dot{l}_i\boldsymbol{\omega}_i\times\boldsymbol{n}_i+\\ &l_i\boldsymbol{\omega}_i\times(\boldsymbol{\omega}_i\times\boldsymbol{n}_i)+\boldsymbol{\omega}_i\times(\boldsymbol{\omega}_i\times\boldsymbol{c}_{2i})+\ddot{l}_i\boldsymbol{n}_i\end{aligned} \tag{4-29}$$

$$\boldsymbol{\alpha}_i=\frac{1}{l_i^2}\left[((\boldsymbol{\omega}_i\times\boldsymbol{n}_i)\times\boldsymbol{v}_{P_i}+\boldsymbol{n}_i\times\dot{\boldsymbol{v}}_{P_i})l_i-(\boldsymbol{n}_i\times\boldsymbol{v}_{P_i})\dot{l}_i\right] \tag{4-30}$$

$$\dot{\boldsymbol{v}}_{P_i}=\boldsymbol{a}_{\mathrm{p}}+\boldsymbol{\alpha}_{\mathrm{p}}\times\boldsymbol{p}_i+\boldsymbol{\omega}_{\mathrm{p}}\times(\boldsymbol{\omega}_{\mathrm{p}}\times\boldsymbol{p}_i) \tag{4-31}$$

$$\boldsymbol{a}_C=\dot{\boldsymbol{v}}_C=\boldsymbol{a}_{\mathrm{p}}+\boldsymbol{\alpha}_{\mathrm{p}}\times\boldsymbol{c}+\boldsymbol{\omega}_{\mathrm{p}}\times(\boldsymbol{\omega}_{\mathrm{p}}\times\boldsymbol{c}) \tag{4-32}$$

固有频率求解时，广义质量矩阵只与加速度有关，与速度有关的项无关，从而与速度有关的项都置为0后，得

$$\boldsymbol{a}'_C=\begin{bmatrix}\boldsymbol{I}_{3\times3} & -\tilde{\boldsymbol{c}}\end{bmatrix}\begin{bmatrix}\boldsymbol{a}_{\mathrm{p}}\\ \boldsymbol{\alpha}_{\mathrm{p}}\end{bmatrix} \tag{4-33}$$

式中，$\tilde{\boldsymbol{c}}=\begin{bmatrix}0 & -c_z & c_y\\ c_z & 0 & -c_x\\ -c_y & c_x & 0\end{bmatrix}$，$c_x$，$c_y$，$c_z$ 分别表示矢量 $\boldsymbol{c}$ 沿 x，y，z 三坐标轴的分量。以下矢量头上带～的表示意义一样。

$$\boldsymbol{a}'_i=\frac{1}{l_i}\tilde{\boldsymbol{n}}_i\begin{bmatrix}\boldsymbol{I}_{3\times3} & -\tilde{\boldsymbol{p}}_i\end{bmatrix}\begin{bmatrix}\boldsymbol{a}_{\mathrm{p}}\\ \boldsymbol{\alpha}_{\mathrm{p}}\end{bmatrix} \tag{4-34}$$

$$\boldsymbol{a}'_{1i}=-\frac{1}{l_i}\tilde{\boldsymbol{c}}_{1i}\tilde{\boldsymbol{n}}_i\begin{bmatrix}\boldsymbol{I}_{3\times3} & -\tilde{\boldsymbol{p}}_i\end{bmatrix}\begin{bmatrix}\boldsymbol{a}_{\mathrm{p}}\\ \boldsymbol{\alpha}_{\mathrm{p}}\end{bmatrix} \tag{4-35}$$

$$\boldsymbol{a}'_{2i}=\left(-\frac{1}{l_i}(l_i\tilde{\boldsymbol{n}}_i+\tilde{\boldsymbol{c}}_{2i})\tilde{\boldsymbol{n}}_i\begin{bmatrix}\boldsymbol{I}_{3\times3} & -\tilde{\boldsymbol{p}}_i\end{bmatrix}+\boldsymbol{J}_i\right)\begin{bmatrix}\boldsymbol{a}_{\mathrm{p}}\\ \boldsymbol{\alpha}_{\mathrm{p}}\end{bmatrix} \tag{4-36}$$

把上面的式子代入式(4－20),得

$$\boldsymbol{J}^{\mathrm{T}}\mathrm{diag}(k_1 \quad \cdots \quad k_6)\boldsymbol{J}\Delta \boldsymbol{x}_p = -\boldsymbol{M}_{ef}\begin{bmatrix}\boldsymbol{a}_{\mathrm{p}}\\ \boldsymbol{\alpha}_{\mathrm{p}}\end{bmatrix} \tag{4-37}$$

式中

$$\boldsymbol{M}_{ef} = \boldsymbol{J}_C^{\mathrm{T}}\begin{bmatrix} m_C \boldsymbol{I}_{3\times3} & -m_C\tilde{\boldsymbol{c}} \\ \boldsymbol{0}_{3\times3} & \boldsymbol{I}_C\end{bmatrix} +$$

$$\sum_{i=1}^{6}\left\{\boldsymbol{J}_{1i}^{\mathrm{T}}\begin{bmatrix} -\dfrac{m_1}{l_i}\tilde{\boldsymbol{c}}_{1i}\tilde{\boldsymbol{n}}_i & \dfrac{m_1}{l_i}\tilde{\boldsymbol{c}}_{1i}\tilde{\boldsymbol{n}}_i\tilde{\boldsymbol{p}}_i \\ \dfrac{1}{l_i}I_{1i}\tilde{\boldsymbol{n}}_i & -\dfrac{1}{l_i}\boldsymbol{I}_{1i}\tilde{\boldsymbol{n}}_i\tilde{\boldsymbol{p}}_i \end{bmatrix} + \boldsymbol{J}_{2i}^{\mathrm{T}}\begin{bmatrix} m_2\left(-\dfrac{1}{l_i}(l_i\tilde{\boldsymbol{n}}_i + \tilde{\boldsymbol{c}}_{2i})\tilde{\boldsymbol{n}}_i\left[\boldsymbol{I}_{3\times3} \quad -\tilde{\boldsymbol{p}}_i\right] + \boldsymbol{J}_i\right) \\ \boldsymbol{I}_{2i}\dfrac{1}{l_i}\tilde{\boldsymbol{n}}_i\left[\boldsymbol{I}_{3\times3} \quad -\tilde{\boldsymbol{p}}_i\right]\end{bmatrix}\right\}$$

由于 $\Delta \boldsymbol{x}_p = \boldsymbol{x}_p - \boldsymbol{x}_{p0}$ ，$\boldsymbol{x}_{p0}$ 为一常量,从而

$$\Delta \ddot{\boldsymbol{x}}_p = \ddot{\boldsymbol{x}}_p \tag{4-38}$$

把式(4－38)代入式(4－37)中,得到

$$\boldsymbol{M}_{ef}\Delta \ddot{\boldsymbol{x}}_p + \boldsymbol{J}^{\mathrm{T}}\mathrm{diag}(k_1 \quad \cdots \quad k_6)\boldsymbol{J}\Delta \boldsymbol{x}_p = \boldsymbol{0} \tag{4-39}$$

根据振动理论[9],设式(4－39)的解为

$$\Delta \boldsymbol{x}_p(t) = \Delta \boldsymbol{X}_p \sin(\omega_{\mathrm{n}} t + \varphi_{\mathrm{V}}) \tag{4-40}$$

式中　$\Delta \boldsymbol{X}_p$ ——沿 x,y,z 轴平移的位移和绕 x,y,z 轴转动的角度的振幅；

　　　ω_{n} ——固有频率。

将式(4－40)代入式(4－39)中得

$$(\boldsymbol{J}^{\mathrm{T}}\mathrm{diag}(k_1 \quad k_2 \quad k_3 \quad k_4 \quad k_5 \quad k_6)\boldsymbol{J} - \omega_{\mathrm{n}}^2 \boldsymbol{M}_{ef})\Delta \boldsymbol{X}_p = \boldsymbol{0} \tag{4-41}$$

式中　$\Delta \boldsymbol{X}_p$ ——特征向量；

　　　ω_{n}^2 ——特征值。

式中,可以求出 6 个特征值 $\omega_i^2(i = 1,\cdots,6)$,与对应的 6 个特征向量 $\Delta \boldsymbol{X}_{pi}(i = 1,\cdots,6)$ (即振型)[9]。

若质量和刚度矩阵不奇异,刚能求出 6 个固有频率。在求出 6 个不为 0 的固有频率后,按从小到大排列 $\omega_1 < \omega_2 < \omega_3 < \omega_4 < \omega_5 < \omega_6$ 。ω_1 称为第一阶固有频率,对应的特征向量 $\Delta \boldsymbol{X}_{p1}$ 称为第一阶振型。两个不同的固有频率对应的振型是正交的,即有[9]

$$\left.\begin{aligned} \Delta \boldsymbol{X}_{pi}^{\mathrm{T}}\boldsymbol{J}^{\mathrm{T}}\mathrm{diag}(k_1 \quad \cdots \quad k_6)\boldsymbol{J}\Delta \boldsymbol{X}_{pj} &= 0 \\ \Delta \boldsymbol{X}_{pi}^{\mathrm{T}}\boldsymbol{M}_{ef}\Delta \boldsymbol{X}_{pj} &= 0 \end{aligned}\right\} \tag{4-42}$$

式中，$i \neq j$ 。

利用坐标转换,可以把物理工作空间转换到模态工作空间。设[9]：

$$\Delta \boldsymbol{x}_p(t) = [\boldsymbol{\Psi}]\boldsymbol{x}_{\mathrm{mo}}(t) \tag{4-43}$$

式中,转换矩阵 $[\boldsymbol{\Psi}]$ 为[9]

$$[\boldsymbol{\Psi}] = [\Delta \boldsymbol{X}_{p1} \quad \Delta \boldsymbol{X}_{p2} \quad \Delta \boldsymbol{X}_{p3} \quad \Delta \boldsymbol{X}_{p4} \quad \Delta \boldsymbol{X}_{p5} \quad \Delta \boldsymbol{X}_{p6}] \tag{4-44}$$

把式(4-43)代入式(4-39),得

$$[\boldsymbol{\Psi}]^{\mathrm{T}} \boldsymbol{M}_{ef} [\boldsymbol{\Psi}] \ddot{\boldsymbol{x}}_{mo} + [\boldsymbol{\Psi}]^{\mathrm{T}} \boldsymbol{J}^{\mathrm{T}} \mathrm{diag}(k_1 \quad \cdots \quad k_6) \boldsymbol{J} [\boldsymbol{\Psi}] \boldsymbol{x}_{\mathrm{mo}} = \boldsymbol{0} \tag{4-45}$$

由于两个不同的固有频率对应的振型是正交的,从而 $[\boldsymbol{\Psi}]^{\mathrm{T}} \boldsymbol{M}_{ef} [\boldsymbol{\Psi}]$ 和 $[\boldsymbol{\Psi}]^{\mathrm{T}} \boldsymbol{J}^{\mathrm{T}} \mathrm{diag}(k_1 \quad \cdots \quad k_6) \boldsymbol{J} [\boldsymbol{\Psi}]$ 都为对角矩阵[9]。

利用转换矩阵 $[\boldsymbol{\Psi}]$,可以在模态空间对并联机器人进行控制,如文献[10,11]。

参考文献

[1] Dieudonne J E, et al. An Actuator Extension Transformation for a Motion Simulator and an Inverse Transformation Applying Newton-Raphson′s Method[R]. NASA TN D-7067, 1972.

[2] Nguyen C C, Antrazi S, Zhou Z L. Analysis and design of a six-degree-of-freedom stewart platform-based robotic wrist[R]. NASA, 1991.

[3] 何景峰. 液压驱动六自由度并联机器人特性及其控制策略研究[D]. 哈尔滨:哈尔滨工业大学,2007:30-31.

[4] Richard Anstee. The Newton-Raphson Method[M/OL]. [2018-05-07]. https://www.math.ubc.ca/～anstee/math104/104newtonmethod.pdf

[5] Verbeke J, Cools R. The Newton-Raphson Method[J]. International Journal of Mathematical Education in Science and Technology, 1995,26(2):177-193.

[6] Gosselin C. Kinematic Analysis, Optimization and Programming of Parallel Robotic Manipulators[D]. Montréal: McGill University, 1988: 138.

[7]许本文, 焦群英. 机械振动与模态分析基础[M]. 北京:机械工业出版社, 1998:17-18.

[8] Mukherjee P, Dasgupta B, Mallik A K. Dynamic Stability Index and Vibration Analysis of a Flexible Stewart Platform[J]. Journal of Sound & Vibration, 2007, 307(3): 495-512.

[9] Brandt A. Noise and Vibration Analysis: Signal Analysis and Experimental Procedures [M]. West Sussex: Wiley, 2011:119-128.

[10] Plummer A R, Guinzio P S. Modal Control of an Electrohydrostatic Flight Simulator Motion System[C]//ASME 2009 Dynamic Systems and Control Conference. California: 2009.

[11] Han J W, Wei W, Yang Z D. Dynamics Decoupling Control of Parallel Manipulator [M]//Arakelian V(ed). Dynamic Decoupling of Robot Manipulators. Cham:Springer, 2018: 97-124.

第 5 章　6-UCU 型 Gough-Stewart 平台的奇异性分析与检测

5.1　引　　言

随着并联机器人的深入研究与广泛应用，人们认识到并联机器人具备刚度高、精度高、误差小、承载能力大等优点，也存在一个主要的缺点是在工作空间内可能存在奇异。当机构在某一特定位姿时的动态静力(kinetostatic)特性相对于全局性能发生变化就叫作奇异[1]。由于并联机器人末端执行器的自由度具有数量、方向与类型等性质[2]，从而当末端执行器自由度的数量、方向和类型中任何一项发生了变化时，就说明产生了奇异。当并联机器人末端执行器的自由度减少时，不能满足应用要求，变为冗余驱动；当并联机器人末端执行器的自由度增多时，变得不可控；当并联机器人末端执行器的自由度的方向或类型发生变化时，变得不能满足所需要自由度的要求。为了设计出在工作空间内或工作轨迹内无奇异的并联机器人，应在设计过程中进行奇异性分析和奇异性检测[3]。

对 Gough-Stewart 平台进行奇异性分析时，很多学者一般只考虑主动移动副的影响，根据“输入、输出速度之间关系建立的雅克比矩阵的行列式是否为 0”来进行判断是否奇异的，但只根据输入、输出速度关系来分析并联机器人的奇异性有时并不充分[4-6]。Zlatanov 在他的博士论文[7]中也明确指出：“当根据输入、输出关系得到的雅克比矩阵 $\boldsymbol{J}$ 的行列式为 0 时，不是并联机器人奇异的必要条件，即当雅克比矩阵 $\boldsymbol{J}$ 的行列式不为 0 时，并不能确定此并联机器人在这一瞬时不奇异”。为了正确无误地分析并联机器人的奇异性，必须把被动副的影响考虑进来[8]。本章考虑被动副虎克铰的影响，以一个基于螺旋理论的自由度理论为基础，对 6-UCU 型 Gough-Stewart 平台的奇异性进行分析。

实际上，“快速判定得到一个并联机器人在给定的工作区间或轨迹内是否存在奇异位姿的结论”在机器人设计过程中是至关重要的[3]。有很多学者提出了多种检测判别 Gough-Stewart 平台奇异性的方法，但一般只考虑了运动学传统雅克比矩阵行列式值为零的情况，即只考虑了主动移动副的影响。为了考虑 6-UCU 型 Gough-Stewart 平台中主动移动副和被动副虎克铰对奇异的影响，本章将提出相应的奇异性检测算法。最后通过实例分析验证本章所提出的奇异性检测算法的有效性。

本章内容以笔者博士期间发表的论文[9]为基础整理而成。

5.2 奇异性分析

由第 1 章绪论中的分析得到:6-UCU 型 Gough-Stewart 平台都采用 6-UCU 型 Gough-Stewart 平台。为了考虑被动副虎克铰和主动副的影响,根据奇异产生的不同原因,把 6-UCU 型 Gough-Stewart 平台的奇异类型分为两类:支路奇异和驱动奇异。在某瞬时,当动平台相对于静平台的连接度(connectivity)小于 6 时,这种类型的奇异定义为支路奇异。当位于支路奇异位姿时,动平台的自由度小于 6,此时致使 6-UCU 型 Gough-Stewart 平台不能达到所需要的六个自由度的运动要求。在某瞬时,当 6 个主动副不能有效地驱动整个 6-UCU 型 Gough-Stewart 平台时,这种类型的奇异定义为驱动奇异。当位于驱动奇异位姿时,6-UCU 型 Gough-Stewart 平台将获得多余的自由度使其变得不可控,同时作动器的出力也会变得非常大甚至致使机构发生破坏[10]。由于螺旋理论能很好地表示机构中运动副的运动与约束关系,从而被广泛地应用于机器人的奇异性分析中[11],如:Tsai[11]应用螺旋理论对常见串联和并联机器人的奇异性进行了分析;Zhu 等人[12]应用螺旋理论对一个 5 自由度并联机器人(5-RRR(RR))的奇异性进行了分析;Masouleh 和 Gosselin[13]应用螺旋理论对一个 5 自由度并联机器人(5-RPUR)的奇异性进行了分析。为了分析方便,本章也采用螺旋理论对 6-UCU 型 Gough-Stewart 平台的奇异性进行分析。

5.2.1 支路奇异分析

为了方便分析 6-UCU 型 Gough-Stewart 平台的奇异性,以动平台上控制点 O_L 为原点建立瞬时参考坐标系 $O_L\text{-}X'_LY'_LZ'_L$,如图 5-1 所示。坐标系 $O_L\text{-}X'_LY'_LZ'_L$ 与坐标系 $O_W\text{-}X_WY_WZ_W$ 的三个轴线分别对应平行,此时各支路中运动螺旋相对于控制点 O_L 在坐标系 $O_L\text{-}X'_LY'_LZ'_L$ 中的螺旋量之和,即为动平台上控制点 O_L 在坐标系 X,Y,Z 中的运动速度矢量[11]。把连接于静平台上的虎克铰等效为两个正交的转动副,依次用单位运动螺旋 $\hat{\$}^i_{01}$(其中上标 i 表示第 i 个支路,下标 0 表示节距为 0 的螺旋,下标 1 表示支路中从静平台到动平台等效的第一个单自由度的运动螺旋,其余依此类推)、$\hat{\$}^i_{02}$ 表示。把圆柱副等效为同轴线的一个主动移动副(用单位运动螺旋 $\hat{\$}^i_{\infty 3}$ 表示,其中 ∞ 表示节距无穷大)与一个被动转动副(用单位运动螺旋 $\hat{\$}^i_{04}$ 表示)。把连接于动平台上的虎克铰等效为两个正交的转动副,依次用单位运动螺旋 $\hat{\$}^i_{05}$,$\hat{\$}^i_{06}$ 表示。最后整个支路 6 个单自由度的等效结构如图 5-2 所示。

每个支路等效运动副中有 6 个单位运动螺旋,其中第三个无穷节距单位运动螺旋 $\hat{\$}^i_{\infty 3}$ 对应主动副,其余 5 个 0 节距单位运动螺旋对应剩余的被动副。第 i 个支路中各个运动副单位螺旋在瞬时坐标系 $O_L\text{-}X'_LY'_LZ'_L$ 中的表示分别为

$$\hat{\$}^i_{01}=\begin{bmatrix}\boldsymbol{s}_{0i}\\(\boldsymbol{p}_i-l_i\boldsymbol{n}_i)\times\boldsymbol{s}_{0i}\end{bmatrix}\tag{5-1}$$

$$\hat{\$}^{i}_{02}=\begin{bmatrix}\boldsymbol{s}_{1i}\\(\boldsymbol{p}_i-l_i\boldsymbol{n}_i)\times\boldsymbol{s}_{1i}\end{bmatrix}\tag{5-2}$$

$$\hat{\$}^{i}_{\infty 3}=\begin{bmatrix}\boldsymbol{0}_{3\times 1}\\\boldsymbol{n}_i\end{bmatrix}\tag{5-3}$$

$$\hat{\$}^{i}_{04}=\begin{bmatrix}\boldsymbol{n}_i\\\boldsymbol{p}_i\times\boldsymbol{n}_i\end{bmatrix}\tag{5-4}$$

$$\hat{\$}^{i}_{05}=\begin{bmatrix}\boldsymbol{s}_{2i}\\\boldsymbol{p}_i\times\boldsymbol{s}_{2i}\end{bmatrix}\tag{5-5}$$

$$\hat{\$}^{i}_{06}=\begin{bmatrix}\boldsymbol{s}_{3i}\\\boldsymbol{p}_i\times\boldsymbol{s}_{3i}\end{bmatrix}\tag{5-6}$$

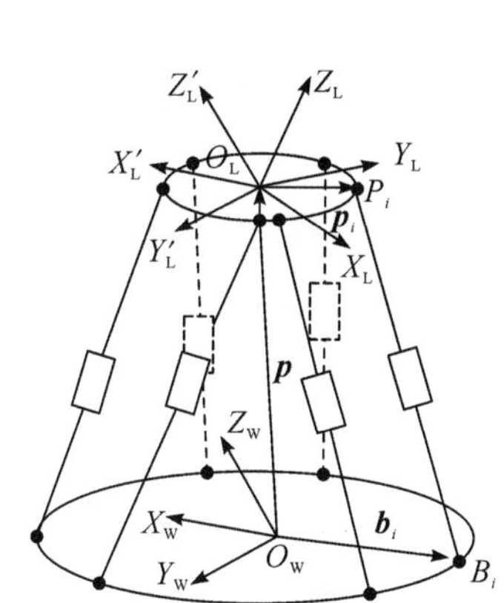

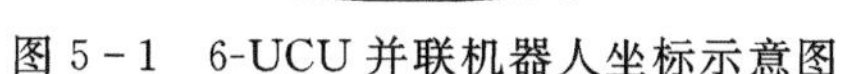
图 5-1　6-UCU 并联机器人坐标示意图

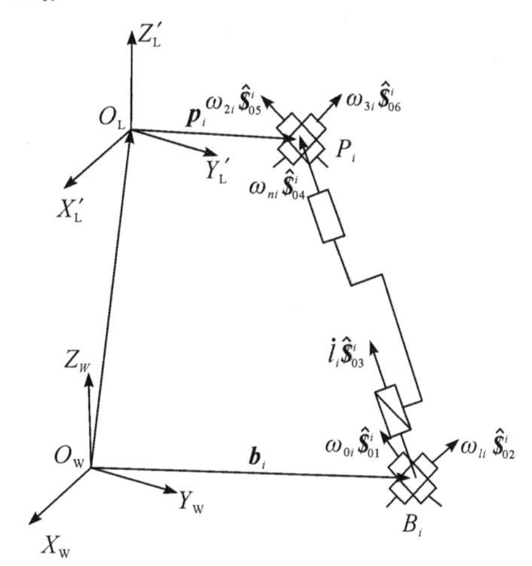

图 5-2　单个 UCU 支路运动学等效图

在支路 i 中，把动平台的运动螺旋用各个单位螺旋表示，有关系式

$$\$_P=\omega_{0i}\hat{\$}^{i}_{01}+\omega_{1i}\hat{\$}^{i}_{02}+\dot{l}_i\hat{\$}^{i}_{\infty 3}+\omega_{ni}\hat{\$}^{i}_{04}+\omega_{2i}\hat{\$}^{i}_{05}+\omega_{3i}\hat{\$}^{i}_{06}\tag{5-7}$$

式中　$\$_P$——动平台上控制点 O_L 处的运动螺旋，为

$$\$_P=\begin{bmatrix}\boldsymbol{\omega}_P\\\dot{\boldsymbol{p}}\end{bmatrix}$$

为了进一步分析，把支路 i 中全部单位运动螺旋展开的矢量空间定义为

$$\boldsymbol{S}^i=\mathrm{span}(\hat{\$}^{i}_{01},\hat{\$}^{i}_{02},\hat{\$}^{i}_{\infty 3},\hat{\$}^{i}_{04},\hat{\$}^{i}_{05},\hat{\$}^{i}_{06}),\qquad r^i=\dim(\boldsymbol{S}^i)\tag{5-8}$$

式中　$\boldsymbol{S}^i$——支路 i 中全部单位运动螺旋展开的矢量空间；

　　r^i——矢量空间 $\boldsymbol{S}^i$ 的维数。

根据螺旋理论与互易螺旋理论[14]，可得到第 i 个支路中第 j 个反螺旋 $\$^{ir}_{j}$。求出 6 个支路中全部运动副的反螺旋，把它们展成的矢量空间定义为

$$\boldsymbol{C}^{pb}=\mathrm{span}(\$^{1r}_{1},\cdots,\$^{1r}_{c^1},\$^{2r}_{1},\cdots,\$^{6r}_{c^6}),\quad c^{pb}=\dim(\boldsymbol{C}^{pb})\tag{5-9}$$

式中　C^{pb} ——6 个支路中全部运动副的单位反螺旋展成的矢量空间；

$\$_j^{ir}$ ——第 i 个支路中第 j 个反螺旋；

c^{pb} ——矢量空间 C^{pb} 的维数，即为动平台所受反螺旋(约束力螺旋)的维数；

下标 c^1 ——第一个支路中力螺旋总数，其余依此类推。

根据基于螺旋理论的自由度公式[14]，可得到

$$r^{pb} = 6 - c^{pb} \tag{5-10}$$

式中　r^{pb} ——动平台相对于静平台的连接度(connectivity)。

由式(5-8)至式(5-10)可得到结论：对于 6-UCU 并联机器人，当任一个支路存在反螺旋时，r^{pb} 就小于 6，此时就处于支路奇异位姿。

由第 3 章完整运动学和完整动力学反解分析过程中得到了两种导致分母为零的特殊位姿：第一种为上虎克铰固定于动平台上的转轴方向与作动器的轴线方向共线；第二种为下虎克铰固定于定平台上的转轴方向与作动器的轴线方向共线。根据上面得到支路奇异位姿产生的条件，将通过分析得到此两种特殊位姿实为两种导致 6-UCU 并联机器人处于支路奇异的特殊位姿。

当某一支路中下虎克铰固定于定平台上转动副的轴线与支路的圆柱副轴线方向共线时(见图 5-3)，将分析得到此时 6-UCU 并联机器人处于支路奇异。此时支路 i 中下虎克铰固定于定平台上转动副轴线的单位运动螺旋 $\hat{\$}_{01}^{i}$，与沿支路 i 中的主动副单位运动螺旋 $\hat{\$}_{\infty 3}^{i}$ 共线。通过螺旋理论[14]得到：此时支路 i 存在一个对控制点 O_L 的约束力螺旋 $\$_{01}^{ir}$。$\$_{01}^{ir}$ 通过点 P_i，方向与虎克铰固定于缸筒端上的转动副轴线的单位运动螺旋 $\hat{\$}_{02}^{i}$ 平行。由基于螺旋理论计算自由度的公式[15](即式(5-8)至式(5-10))得到："末端执行器上末端约束基础力螺旋系构成的最大线性无关组的阶数，与末端执行器上所允许运动基础螺旋系构成的最大线性无关组的阶数之和为 6"。由于现在至少存在一个末端约束力螺旋 $\hat{\$}_{01}^{ir}$，从而得到动平台上控制点 O_L 处的自由度小于 6，此时 6-UCU 并联机器人处于奇异位姿。

当某一支路中上虎克铰固定于动平台上转动副的轴线与支路的主动副轴线方向共线时(见图 5-4)，也将分析得到此时 6-UCU 并联机器人处于支路奇异。此时支路 i 中上虎克铰固定于动平台上转动副轴线的单位运动螺旋 $\hat{\$}_{06}^{i}$，与沿支路 i 中的主动副单位运动螺旋 $\$_{\infty 3}^{i}$ 共线。通过螺旋理论[14]得到：此时支路 i 存在对控制点 O_L 的一个约束力螺旋 $\$_{01}^{ir}$。$\$_{01}^{ir}$ 通过点 B_i，方向与虎克铰固定于活塞杆端上的转动副轴线的单位运动螺旋 $\hat{\$}_{05}^{i}$ 平行。同样由基于螺旋理论计算自由度的公式[15](即式(5-8)至式(5-10))得到："末端执行器上末端约束基础力螺旋系构成的最大线性无关组的阶数，与末端执行器上所允许运动基础螺旋系构成的最大线性无关组的阶数之和为 6"。由于现在至少存在一个末端约束力螺旋 $\$_{01}^{ir}$，从而得到动平台上控制点 O_L 处的自由度小于 6，此时 6-UCU 并联机器人处于奇异位姿。

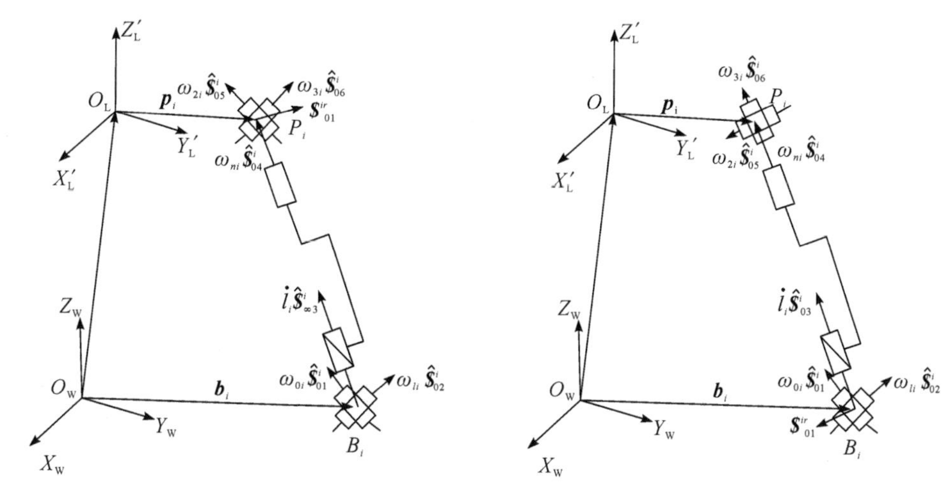

图 5－3　支路 i 中下铰造成的支路奇异　　　图 5－4　支路 i 中上铰造成的支路奇异

本节分析得到了两种致使 6-UCU 型 Gough-Stewart 平台处于支路奇异位姿的情况：当虎克铰固定于动平台或静平台上转轴的轴线与主动副的轴线共线时。这两种导致支路奇异的位姿就是第 3 章完整运动学反解和完整动力学反解分析过程中得到的两种导致分母为零的特殊位姿。

5.2.2　驱动奇异分析

前一节中考虑被动副虎克铰对奇异的影响，运用螺旋理论知识分析得到了两种导致 6-UCU型 Gough-Stewart 平台处于支路奇异的位姿。为了考虑主动移动副对奇异的影响，将同样运用螺旋理论知识来分析 6-UCU 型 Gough-Stewart 平台的驱动奇异。

依据主动副可驱动整个并联机器人的判据[14,16]“对于不冗余并联机器人，在主动副锁定后，末端执行器的自由度应为 0”，得到：“对于 6-UCU 并联机器人，在不存在支路奇异的前提下，首先固定 6 个主动副，然后只考虑被动副在坐标系 $O_L\text{-}X'_LY'_LZ'_L$ 中对点 O_L 的单位约束力螺旋组合成矩阵的阶：当其阶数等于 6 时不奇异；当其阶数小于 6 时奇异。”当支路 i 中不存在支路奇异时，首先固定主动副，然后只考虑被动副的影响，分析得到整个支路在坐标系 $O_L\text{-}X'_LY'_LZ'_L$ 中对点 O_L 的单位约束力螺旋为(见图 5－5)

$$\boldsymbol{\$}_{01}^{ir}=\begin{bmatrix}\boldsymbol{n}_i\\ \boldsymbol{p}_i\times\boldsymbol{n}_i\end{bmatrix}\tag{5－11}$$

式中　$\boldsymbol{\$}_{01}^{ir}$——支路 i 中，固定主动副后，只考虑被动副在坐标系 $O_L\text{-}X'_LY'_LZ'_L$ 中对点 O_L 的单位约束力螺旋。

把 6 个支路中所有的瞬时单位约束力螺旋 $\boldsymbol{\$}_{01}^{ir}$ 合成矩阵 $\boldsymbol{A}'$，即为

$$\boldsymbol{A}'=\begin{bmatrix}\boldsymbol{\$}_{01}^{1r} & \boldsymbol{\$}_{01}^{2r} & \boldsymbol{\$}_{01}^{3r} & \boldsymbol{\$}_{01}^{4r} & \boldsymbol{\$}_{01}^{5r} & \boldsymbol{\$}_{01}^{6r}\end{bmatrix}=$$

$$\begin{bmatrix}\boldsymbol{n}_1 & \boldsymbol{n}_2 & \boldsymbol{n}_3 & \boldsymbol{n}_4 & \boldsymbol{n}_5 & \boldsymbol{n}_6\\ \boldsymbol{p}_1\times\boldsymbol{n}_1 & \boldsymbol{p}_2\times\boldsymbol{n}_2 & \boldsymbol{p}_3\times\boldsymbol{n}_3 & \boldsymbol{p}_4\times\boldsymbol{n}_4 & \boldsymbol{p}_5\times\boldsymbol{n}_5 & \boldsymbol{p}_6\times\boldsymbol{n}_6\end{bmatrix}\tag{5－12}$$

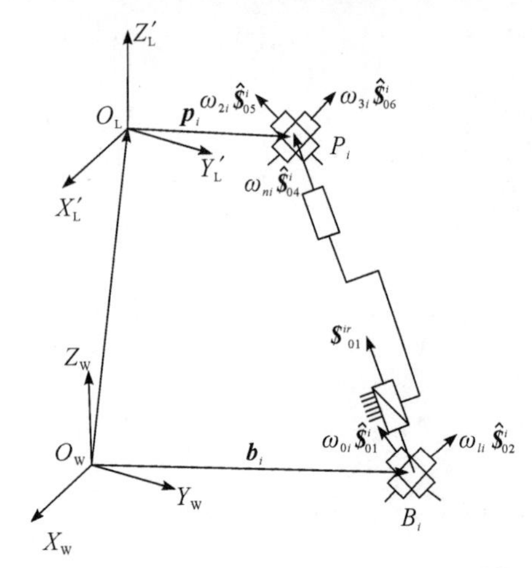

图 5-5　UCU 支路的螺旋(当固定主动副后)

式(5-12)中 $\boldsymbol{A}'$ 是运动学雅克比矩阵 $\boldsymbol{J}$ 的转置。由上面的分析得到:"当矩阵 $\boldsymbol{A}'$ 的阶数小于 6 时,6-UCU 并联机器人就处于驱动奇异位姿"。由矩阵的知识得到,"矩阵 $\boldsymbol{A}'$ 的阶数小于 6"等价于"矩阵 $\boldsymbol{A}'$ 的行列式值等于 0",即 $\det(\boldsymbol{A}')=0$(式中 det 表示求取行列式值)。又因为 $\det(\boldsymbol{J})=\det(\boldsymbol{A}')$,所以通常采用雅克比矩阵 $\boldsymbol{J}$ 的行列式值 $\det(\boldsymbol{J})$ 等于 0 来判定驱动奇异。很多学者对此类型的奇异进行了研究,如 Gosselin 和 Angeles[17]、Ma 和 Angeles[18]、Merlet[19]等人,详细的综述可参考文献[20-21]。

5.3　奇异性检测

由于并联机器人处于奇异位姿时致使末端执行器达不到所要求的自由度或导致内力增大致使机构破坏,从而在工作空间或工作轨迹内不能存在奇异位姿。特别是在某些需要高性能的应用场合,如飞行模拟器,此时在整个可达工作空间内不应存在奇异位姿。实际上,在机器人的设计阶段中去确定在给定工作空间或轨迹内是否存在奇异是至关重要的,且一个快速得到是否存在奇异位姿的检测答案是重要的[3]。本章前一节中对 6-UCU 型 Gough-Stewart 平台进行奇异性分析时,不仅得到了主动移动副产生奇异的条件,还得到了被动副虎克铰产生奇异的两种情况。很多学者对 Gough-Stewart 平台提出的奇异性检测算法中只考虑主动移动副的影响。为了能对被动副虎克铰产生的奇异位姿和主动移动副产生的奇异位姿进行检测,本节将提出相应的支路奇异检测算法和驱动奇异检测算法。

5.3.1　奇异性检测采用的进化策略

为了能在六维空间里直接搜索得到 6-UCU 型 Gough-Stewart 平台奇异性检测算法中目标函数的极值,需要利用具有全局搜索能力的算法。具有全局搜索能力的进化算法,如遗传算法、进化策略、粒子群算法等,被广泛地应用于寻优中[21]。由于进化策略采用实数编码和精英保留策略，从而具有高效、快速搜索得到全局优化解的能力[21]，因而本章采用 $(\mu+\lambda)$ 进化策略用于奇异性检测算法中搜索目标函数的极值。

在给定工作空间内进行奇异性检测时，只需把搜索工作空间变量的值设置为给定的上、下限值，此时为一个无约束的寻优搜索问题。当需在可达工作空间内进行奇异性检测时，由于给定了作动器的最短长度、最长长度限制，从而是一个有约束的寻优搜索问题。由于 Deb 等人提出的模拟二进制交配法(simulated binary crossover operator)[22]与多项式变异操作(polynomial mutation)[23]具有把变量限制于有限值范围内与无穷大范围内的两种表达式，从而能分别适用于无约束和有约束的寻优搜索问题中，因而本章中变异操作采用模拟二进制交配法，交叉操作采用多项式变异操作。由于锦标赛选择方法只需要对少数个体进行比较，从而搜索速度快，因而本章把其作为选择操作的方式。对于有约束的优化问题，一般采用惩罚函数的方法对约束进行处理，但惩罚函数方法中的系数很难确定[24]。由于 Deb 提出的约束处理方法[24]不采用惩罚函数，不需要确定任何参数，从而执行方便，因而本章采用 Deb 提出的约束处理方法[24]来处理有约束的寻优搜索问题。本章采用模拟二进制交配法、多项式变异操作与锦标赛选择方法的 $(\mu+\lambda)$ 进化策略的运行流程如图 5-6 所示，其各项参数设置见表 5-1。

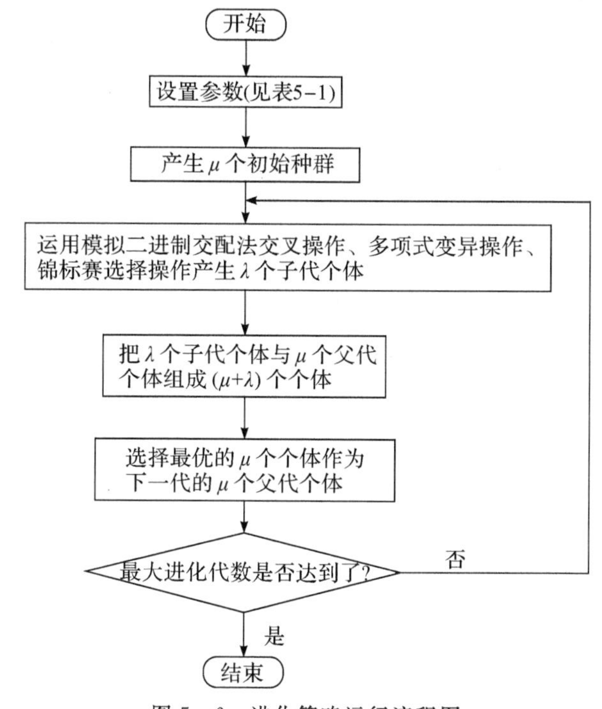

图 5-6　进化策略运行流程图

表 5-1　进化策略参数

最大进化代数	μ	λ	锦标赛选择规模	变异分布指数	交叉分布指数
2 000	50	50	2	20	20

5.3.2 支路奇异检测算法

由 5.2.1 节中分析得到了两种致使 6-UCU 型 Gough-Stewart 平台处于支路奇异位姿的情况：当虎克铰固定于动平台或静平台上转轴的轴线与主动副的轴线共线时。为了求出虎克铰固定于静平台与主动副轴线方向的夹角大小，现在采用先求取两轴线正方向之间夹角的余弦值，再反求它们夹角值的方法。在支路 i 中设定

$$\theta_{1i} = \arccos(\boldsymbol{s}_{0i} \cdot \boldsymbol{n}_i) \tag{5-13}$$

式中 θ_{1i} ——在支路 i 中，固定于静平台上虎克铰转轴的轴线单位矢量正方向与主动移动副的轴线单位矢量正方向的夹角；

arccos ——求反余弦运算。

为了求出虎克铰固定于动平台与主动副轴线方向的夹角大小，现在同样采用先求取两轴线正方向夹角的余弦值，再反求它们夹角值的方法。在支路 i 中设定

$$\theta_{6i} = \arccos(\boldsymbol{s}_{3i} \cdot \boldsymbol{n}_i) \tag{5-14}$$

式中 θ_{6i} ——在支路 i 中，固定于动平台上虎克铰转轴的轴线单位矢量正方向与主动移动副的轴线单位矢量正方向的夹角。

在某一位姿下，为了得到固定于动、静平台上虎克铰转轴的轴线与主动移动副的轴线夹角的最小值，给出下面的定义：

$$\theta_{1\min} = \min(\theta_{11}, \theta_{12}, \theta_{13}, \theta_{14}, \theta_{15}, \theta_{16}) \tag{5-15}$$

$$\theta_{1\max} = \max(\theta_{11}, \theta_{12}, \theta_{13}, \theta_{14}, \theta_{15}, \theta_{16}) \tag{5-16}$$

$$\theta_{2\min} = \min(\theta_{61}, \theta_{62}, \theta_{63}, \theta_{64}, \theta_{65}, \theta_{66}) \tag{5-17}$$

$$\theta_{2\max} = \max(\theta_{61}, \theta_{62}, \theta_{63}, \theta_{64}, \theta_{65}) \tag{5-18}$$

$$\theta_{\min} = \min(\theta_{1\min}, (180^\circ - \theta_{1\max}), \theta_{2\min}, (180^\circ - \theta_{2\max})) \tag{5-19}$$

式中 min ——求最小值运算；

max ——求最大值运算；

$\theta_{1\min}$ ——在某一位姿下，固定于静平台上虎克铰转轴的轴线单位矢量正方向与主动移动副的轴线单位矢量正方向夹角的最小值；

$\theta_{1\max}$ ——在某一位姿下，固定于静平台上虎克铰转轴的轴线单位矢量正方向与主动移动副的轴线单位矢量正方向夹角的最大值；

$\theta_{2\min}$ ——在某一位姿下，固定于动平台上虎克铰转轴的轴线单位矢量正方向与主动移动副的轴线单位矢量正方向夹角的最小值；

$\theta_{2\max}$ ——在某一位姿下，固定于动平台上虎克铰转轴的轴线单位矢量正方向与主动移动副的轴线单位矢量正方向夹角的最大值；

$\theta_{\min}$ ——在某一位姿下，固定于动平台和静平台上虎克铰转轴的轴线与主动移动副的轴线夹角的最小值。

因为反余弦的值域范围为 $[0,\pi]$，所以在分析支路奇异时为了求取固定于动平台和静平

台上虎克铰转轴的轴线与主动移动副的轴线夹角的最小值需要利用进化策略对 θ_{min} 进行极小值的搜索。由于6-UCU型Gough-Stewart平台的应用场合不同,有时只需要在给定工作空间内(或轨迹)无奇异位姿,有时需要在整个可达工作空间内无奇异位姿,从而需区别对待这两种工作空间,所以下面将给出两种工作空间的相应的支路奇异检测算法。

1. 给定工作空间或轨迹内进行支路奇异检测的算法

当需要在给定工作空间或轨迹内检测是否存在支路奇异位姿时,我们提出的支路奇异检测算法的步骤如下:

(1)编写一个被调用子函数,用来计算给定位姿时式(5-19)中 θ_{min} 的值;

(2)运用图5-6所示运算流程的进化策略,在给定工作空间(或轨迹)内搜索得到 θ_{min} 的最小值;

(3)当第二步中搜索得到 θ_{min} 的最小值等于0时,说明在给定的工作空间(或轨迹)内存在支路奇异位姿;若大于0,说明在给定的工作空间(或轨迹)内不存在支路奇异位姿。

2. 可达工作空间内进行支路奇异检测的算法

在给定了作动器的最短长度、最长长度值后,要求在可达工作空间内进行支路奇异检测,此时寻优问题具有约束条件,即成了有约束的优化问题。此时与在规定工作空间内进行支路奇异检测的算法不同的是要运用Deb提出的约束处理方法[24]来处理作动器的长度极限值的约束。我们提出的支路奇异检测算法的具体步骤如下:

(1)编写一个被调用子函数,用来计算给定位姿时式(5-19)中 θ_{min} 的值。同时要计算6个支路的作动器长度,并判断作动器长度是否超出给定的作动器的最短长度、最长长度范围。若作动器长度超出给定长度范围,则需要按照Deb提出的约束处理方法[24]来处理得到的搜索目标函数值;

(2)运用图5-6所示运算流程的进化策略,在可达工作空间内搜索得到 θ_{min} 的最小值;

(3)当第二步搜索得到 θ_{min} 的最小值等于0时,说明在可达工作空间内存在支路奇异位姿;若大于0,说明在可达工作空间内不存在支路奇异位姿。

上面提出的支路奇异检测算法不仅适用于6-UCU并联机器人,还适用于6-UPS并联机器人,此时只需对有虎克铰的这一端进行检测。

5.3.3 驱动奇异检测算法

由5.2.2节中分析得到:当 $\det(\boldsymbol{J})$ 等于0时,6-UCU型Gough-Stewart平台处于驱动奇异。由于6-UCU型Gough-Stewart平台的应用场合不同,如有时只需要在给定工作空间内(或轨迹)无奇异位姿,有时需要在整个可达工作空间内无奇异位姿,所以同样需要区别对待。下面给出两种工作空间的相应的驱动奇异检测算法。

1. 给定工作空间或轨迹内进行驱动奇异检测的算法

在给定工作空间或轨迹内不存在支路奇异的前提下,需要在给定工作空间或轨迹内检测是否存在驱动奇异位姿时,我们提出的驱动奇异检测算法的步骤如下:

(1)编写一个被调用子函数,用来计算给定位姿时 det($\boldsymbol{J}$) 的值;

(2)运用图 5-6 所示的进化策略,在给定工作空间(或轨迹)内搜索得到 det($\boldsymbol{J}$) 的最小值;

(3)把步骤(1)(2)中的 det($\boldsymbol{J}$) 换为 $-$det($\boldsymbol{J}$) 进行极小值寻优搜索,在给定工作空间(或轨迹)内得到 $-$det($\boldsymbol{J}$) 的最小值,再把寻优结果乘以 -1 得到 det($\boldsymbol{J}$) 的最大值;

(4)根据步骤(2)(3)搜索得到 det($\boldsymbol{J}$) 的最小值和最大值,然后运用连续性原理判别在给定的工作空间(或轨迹)内是否存在驱动奇异:当 det($\boldsymbol{J}$) 的最小值与最大值异号时,说明 det($\boldsymbol{J}$) 含有 0 值,即在给定的工作空间(或轨迹)内存在驱动奇异位姿;若它们同号,则在给定的工作空间(或轨迹)内不存在驱动奇异位姿。

2. 可达工作空间内进行驱动奇异检测的算法

在给定了作动器的最短长度、最长长度值后,要求在可达工作空间内进行驱动奇异检测,此时寻优问题具有约束条件,即成了有约束的优化问题。此时与在规定工作空间内进行驱动奇异检测算法不同的是要运用 Deb 提出的约束处理方法[24]来处理支路长度极限值的约束。我们提出驱动奇异检测算法的具体步骤如下:

(1)编写一个被调用子函数,用来计算给定位姿时 det($\boldsymbol{J}$) 的值。同时要计算 6 个支路的作动器长度,并判断作动器长度是否超出给定的作动器最短长度、最长长度范围。若作动器长度超出给定长度范围,则需要按照 Deb 提出的约束处理方法[24]来处理得到 $-$det($\boldsymbol{J}$) 的搜索目标函数值;

(2)运用图 5-6 所示的进化策略,在可达工作空间内搜索得到 det($\boldsymbol{J}$) 的最小值;

(3)把步骤(1)(2)中 det($\boldsymbol{J}$) 换为 $-$det($\boldsymbol{J}$) 进行极小值寻优搜索,在规定工作空间内得到 $-$det($\boldsymbol{J}$) 的最小值,再把最终寻优结果乘以 -1 得到 det($\boldsymbol{J}$) 的最大值;

(4)根据步骤(2)(3)搜索得到 det($\boldsymbol{J}$) 的最小值和最大值,然后运用连续性原理判别是否存在驱动奇异位姿:当 det($\boldsymbol{J}$) 的最小值与最大值异号时,说明在可达工作空间内 det($\boldsymbol{J}$) 含有 0 值,即在可达工作空间内存在驱动奇异;若 det($\boldsymbol{J}$) 的最小值与最大值同号时,说明在可达工作空间内不存在驱动奇异位姿。

由于 Gough-Stewart 平台的不同构造类型的运动学雅克比矩阵表达式是一样的,从而我们所提出的驱动奇异检测算法不仅适用于 6-UCU 并联机器人,还适用于 6-SPS 并联机器人和 6-UPS 并联机器人。

5.4 奇异性检测实例分析

为了验证 5.3 节中所提出的奇异性检测算法的有效性,现对几个实例进行分析。

5.4.1 支路奇异检测实例分析

为了验证 5.3.2 节中所提的支路奇异性检测算法的有效性,本节对实验室为某用户制造的一台电动 6-UCU 型 Gough-Stewart 平台[10]进行支路奇异检测。该电动 6-UCU 型 Gough-Stewart 平台的参数如下[10]：

$$ {}^{W}\boldsymbol{B}^{\mathrm{T}} = \begin{bmatrix} 0.6748 & -0.8687 & 2.2336 \\ 0.4150 & -1.0187 & 2.2336 \\ -1.0897 & -0.1500 & 2.2336 \\ -1.0897 & 0.1500 & 2.2336 \\ 0.4150 & 1.0187 & 2.2336 \\ 0.6748 & 0.8687 & 2.2336 \end{bmatrix} (\mathrm{m}) $$

$$ {}^{L}\boldsymbol{P}^{\mathrm{T}} = \begin{bmatrix} 0.8139 & -0.1000 & 0.6677 \\ -0.3203 & -0.7548 & 0.6677 \\ -0.4935 & -0.6548 & 0.6677 \\ -0.4935 & 0.6548 & 0.6677 \\ -0.3203 & 0.7548 & 0.6677 \\ 0.8139 & 0.1000 & 0.6677 \end{bmatrix} (\mathrm{m}) $$

$l_{\min} = 1.4453(\mathrm{m})$，$l_{\max} = 2.0690(\mathrm{m})$

式中　${}^{W}\boldsymbol{B}$ ——第 i 列表示下铰点 B_i 在惯性坐标系 {W} 中的坐标；

${}^{L}\boldsymbol{P}$ ——第 i 列表示上铰点 P_i 在体坐标系 {L} 中的坐标；

$l_{\min}$ ——6 个支路中作动器的最短长度(指作动器上、下铰点之间距离)；

$l_{\max}$ ——6 个支路中作动器的最长长度(指作动器上、下铰点之间距离)。

在本章中设置：当在中位时，坐标系 {L} 与坐标系 {W} 是重合的。

电动 6-UCU 型 Gough-Stewart 平台固定于动平台上的虎克铰转动副的轴线方向垂直于相应的短边，并且与上铰平面成 45°的夹角。固定于静平台上的虎克铰转动副的轴线方向垂直于相应的短边，并且在下铰平面内。

1. 给定工作空间内进行支路奇异检测

为了检验 5.2.2 节中提出的在给定工作空间内检测支路奇异算法的有效性，现给定电动 6-UCU 型 Gough-Stewart 平台上控制点的工作空间为[10]：3 个欧拉角度数都为 0，沿 X，Y，Z 轴平动的范围分别为[−0.50，0.50](m)，[−0.50，0.50](m)，[−0.35，0.35](m)。运用 3.2.2节中相应的支路奇异检测算法，在给定工作空间内进行支路奇异检测，搜索结果与运算迭代数如图 5－7 所示。本章中所有算法都是利用 Matlab2011a 的 m 语言在 Windows XP 系统中编程实现的。运算用的计算机 CPU 采用 2.66GHz 的 Intel(R) Xeon(TM)。运行 2 000 次后，总共运算时间为 218.7s，最后搜索得到 $\theta_{\min}$ 的最终结果为 20.4°，因为最小值不等于 0，所以由 5.2.2 节中的算法可知此电动 6-UCU 型 Gough-Stewart 平台在给定工作空间内不存在支路奇异位姿。

2. 可达工作空间内进行支路奇异检测

运用 5.2.2 节中的在可达工作空间进行支路奇异检测的算法步骤，在可达工作空间内搜索得到 $\theta_{\min}$ 的搜索结果与运算代数如图 5－8 所示。运行 2 000 次后，总共运算时间为 215.2s，

最后搜索得到 $\theta_{\min}$ 的最终结果为 11.0°，因为最小值不等于 0，所以由 5.2.3 节中的算法可知此电动 6-UCU 型 Gough-Stewart 平台在可达工作空间内不存在支路奇异位姿。

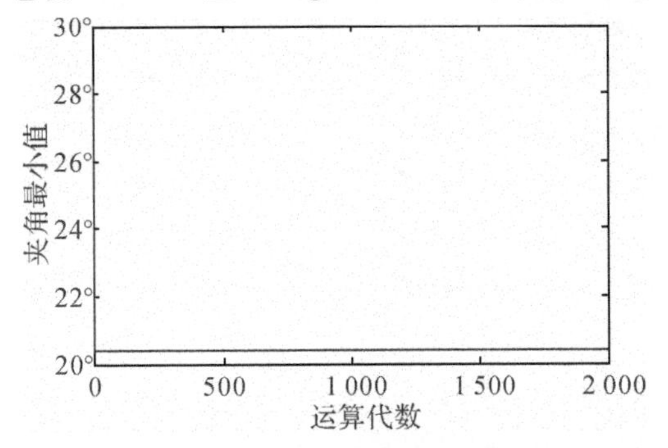

图 5－7　电动 6-UCU 型 Gough-Stewart 平台在给定工作空间内 $\theta_{\min}$ 搜索结果

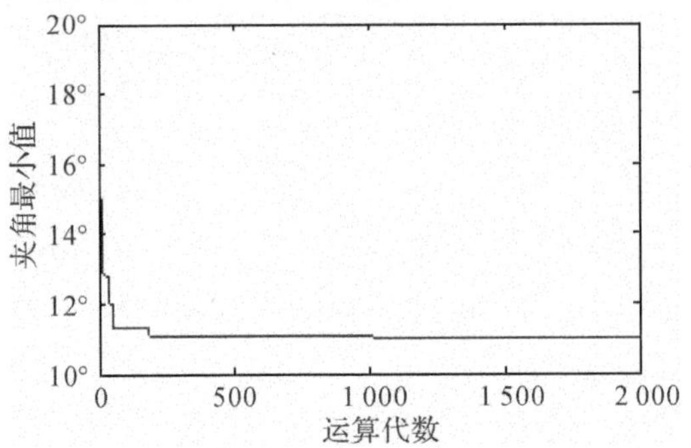

图 5－8　电动 6-UCU 型 Gough-Stewart 平台在可达工作空间内 $\theta_{\min}$ 搜索结果

5.4.2　驱动奇异检测实例分析

为了验证 5.3.3 节中所提出的驱动奇异检测算法是可行的，现对几个实例进行分析。

1. 给定工作空间内进行驱动奇异检测

为了验证 5.3.3 节中所提出的在给定工作空间内的驱动奇异检测算法的有效性，现对 5.4.1节中电动六自由度模拟平台在 5.4.1 节中所给定的工作空间内进行驱动奇异检测。运行 2 000 次后，搜索得到 det($\boldsymbol{J}$) 的最小值为－2.8(搜索结果与运算代数如图 5－9 所示)，总共运算时间为 139.1s。同样运行 2 000 次后，搜索得到－det($\boldsymbol{J}$) 的最小值为 0.9(搜索结果与运算代数如图 5－9 所示)，总共运算时间为 149.4s。即在给定工作空间内 det($\boldsymbol{J}$) 的最小值和最大值分别为－2.8，－0.9。由于两极值同号，从而根据连续性原理得到：在此给定工作空间内，此电动 6-UCU 型 Gough-Stewart 平台不存在驱动奇异位姿，此奇异性检测结论与 Ma 等人[10]运用一种奇异轨迹分析方法得到的结果一样，说明了本节所提出的相应的奇异性检测算法是有效的。

2. 可达工作空间内进行驱动奇异检测

为了验证 5.3.3 节中所提出的在可达工作空间内检测驱动奇异性算法是有效的，现对两实例进行分析。

(1) 奇异液压驱动 6-UCU 型 Gough-Stewart 平台。本节对实验室的一台液压驱动 6-UCU型 Gough-Stewart 平台(见图 5－10)进行驱动奇异检测。Huang 等人[25]发现“对于6-6 Gough-Stewart 平台，当 6 个作动器的轴线都相交于同一条直线时，存在一个不需要的纯转动运动，即此时为“奇异位姿”(也叫 Hunt 奇异[20])。由于 6 个液压缸的轴线方向都相交于同一条直线(见图 5－10)，从而图中所示位姿即为奇异位姿，所以此液压驱动 6-UCU 型 Gough-Stewart 平台在可达工作空间内存在奇异位姿。

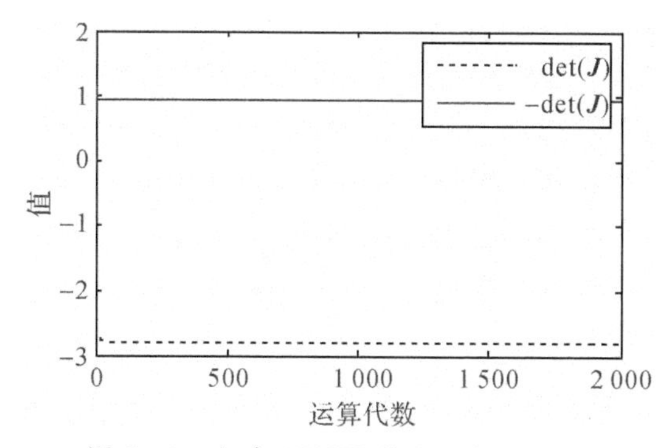

图 5－9　电动 6-UCU 型 Gough-Stewart 平台在给定工作空间内搜索结果

图 5－10　液压驱动 6-UCU 型 Gough-Stewart 平台处于一个奇异位姿

液压驱动 6-UCU 型 Gough-Stewart 平台的参数如下：

$$
{}^{W}\boldsymbol{B}^{\mathrm{T}}=\begin{bmatrix} 1.1787 & 0.2250 & -1.9226 \\ -0.3945 & 1.1333 & -1.9226 \\ -0.7842 & 0.9083 & -1.9226 \\ -0.7842 & -0.9083 & -1.9226 \\ -0.3945 & -1.1333 & -1.9226 \\ 1.1787 & -0.2250 & -1.9226 \end{bmatrix}(\mathrm{m})
$$

$$
{}^{L}\boldsymbol{P}^{\mathrm{T}}=\begin{bmatrix} 0.3849 & 0.4067 & -0.2838 \\ 0.1598 & 0.5367 & -0.2838 \\ -0.5447 & 0.1300 & -0.2838 \\ -0.5447 & -0.1300 & -0.2838 \\ 0.1598 & -0.5367 & -0.2838 \\ 0.3849 & -0.4067 & -0.2838 \end{bmatrix}(\mathrm{m})
$$

$l_{\min}=1.4400\,(\mathrm{m})$，$l_{\max}=2.2200\,(\mathrm{m})$

运用 5.3.3 节中的驱动奇异检测算法，在可达工作空间内搜索得到 det($\boldsymbol{J}$) 和 −det($\boldsymbol{J}$) 的最小值。运行 2 000 次后，搜索得到 det($\boldsymbol{J}$) 的最小值为−0.3(搜索结果与运算代数如图5－11 所示)，总共运算时间为 173.1s。同样运行 2 000 次后，搜索得到 − det($\boldsymbol{J}$) 的最小值为−0.6(搜索结果与运算代数如图 5－11 所示)，总共运算时间为 149.8s。即在可达工作空间内 det($\boldsymbol{J}$) 的最小值和最大值分别为−0.3，0.6。由于两极值异号，从而根据连续性原理得到：在可达工作空间内，此液压驱动 6-UCU 型 Gough-Stewart 平台存在驱动奇异位姿。此奇异性检测结论与实际情况相符，说明了本节所提出的相应奇异性检测算法是可行的与有效的。

(2)无奇异电动 6-UCU 型 Gough-Stewart 平台。现在对一台无奇异电动 6-UCU 型 Gough-Stewart 平台在可达工作空间内进行驱动奇异检测。此电动 6-UCU 型 Gough-Stewart 平台为 Moog 公司生产的 5000E 电动模拟平台[26]。

Moog 公司生产的 5000E 电动模拟平台的参数如下[26]：

$$
{}^{W}\boldsymbol{B}^{\mathrm{T}} = \begin{bmatrix} -1.0668 & 0.127 & -1.1769 \\ 0.423418 & 0.987298 & -1.1769 \\ 0.643382 & 0.860298 & -1.1769 \\ 0.643382 & -0.860298 & -1.1769 \\ 0.423418 & -0.987298 & -1.1769 \\ -1.0668 & -0.127 & -1.1769 \end{bmatrix} (\mathrm{m})
$$

$$
{}^{L}\boldsymbol{P}^{\mathrm{T}} = \begin{bmatrix} -0.516382 & 0.640334 & 0 \\ -0.296418 & 0.767334 & 0 \\ 0.8128 & 0.127 & 0 \\ 0.8128 & -0.127 & 0 \\ -0.296418 & -0.767334 & 0 \\ -0.516382 & -0.640334 & 0 \end{bmatrix} (\mathrm{m})
$$

$l_{\min} = 1.1143\,(\mathrm{m})$，$l_{\max} = 1.651(\mathrm{m})$

运用5.3.3节中的驱动奇异检测算法，在可达工作空间内搜索得到 det($\boldsymbol{J}$) 与 $-$det($\boldsymbol{J}$) 的最小值。运行 2 000 次后，搜索得到 det($\boldsymbol{J}$) 的最小值为 -3.5(搜索结果与运算代数如图 5-12所示)，总共运算时间为 143.4s。同样运行2 000次后，搜索得到 $-$ det($\boldsymbol{J}$) 的最小值为 2.0(搜索结果与运算代数如图 5-12 所示)，总共运算时间为 163.1s。即在可达工作空间内 det($\boldsymbol{J}$) 的最小值和最大值分别为-3.5，-2.0。由于两极值同号，从而根据连续性原理得到：在可达工作空间内，此电动 6-UCU 型 Gough-Stewart 平台不存在驱动奇异位姿。此奇异性检测结论与 Blaise 等人[26]运用一种数值化方法进行奇异性检测结果一样，说明了本节所提出的相应的奇异性检测算法是可行的与有效的。

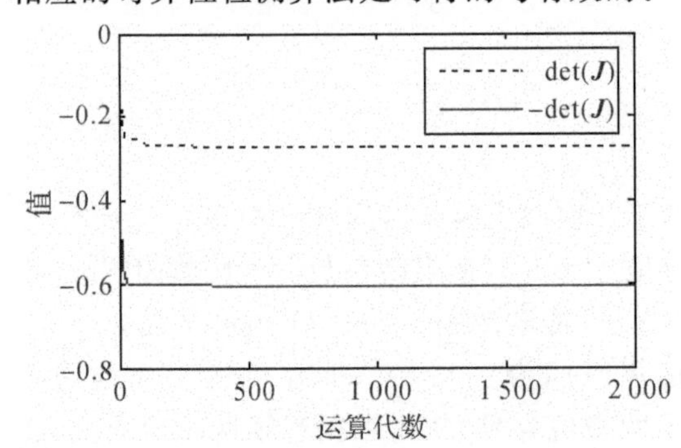

图 5-11　液压驱动 6-UCU 型 Gough-Stewart 平台在可达工作空间内搜索结果

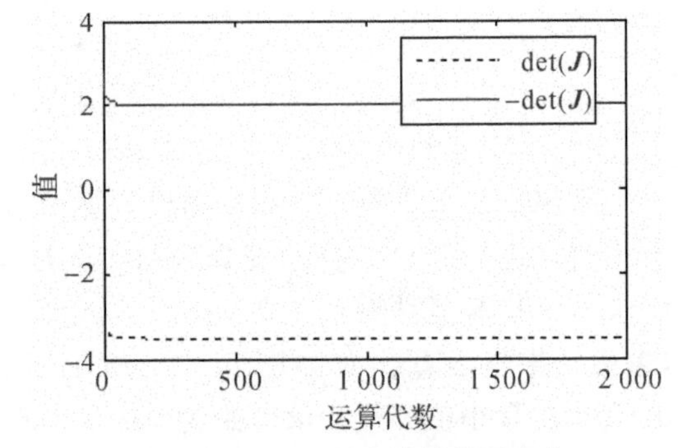

图 5-12　5000E 电动模拟平台在可达工作空间内搜索结果

5.4.3　支路奇异检测结论的验证

在 5.4.1 节中利用本章所提出的支路奇异检测算法在给定工作空间内和可达工作空间内，对实验室为某用户制造的一台电动 6-UCU 型 Gough-Stewart 平台进行了支路奇异检测，均未发现存在支路奇异位姿。下面将通过马建明[10]的实验结果(见图 5－13)对支路奇异检测所得到的结论加以验证。

图 5－13 16 种典型极限位姿的实验结果[10]

马建明经过实验,将 16 种典型极限位姿下的电动 6-UCU 型 Gough-Stewart 平台的状态通过相机拍摄下来,如图 5－13 所示。由图中可知:在这些极限位姿下,该电动 6-UCU 型 Gough-Stewart 平台都处于正常的位姿,并未发生奇异[10]。考虑到 6-UCU 型 Gough-Stewart 平台结构的对称性,文献[10,20,27]指出只需这 16 种典型极限位姿就可表示 6-UCU 型 Gough-Stewart 平台在整个空间中的特性。马建明在实验的过程中,没有发现自由度减少的位姿,间接证明了此电动 6-UCU 型 Gough-Stewart 平台在整个可达工作空间内不存在支路奇异位姿,从而验证了 3.4 节中采用本章所提出的在给定工作空间和可达工作空间内支路奇异检测算法分析所得到结果的正确性,同时也说明了本章所提出的在给定工作空间和可达工作空间内的支路奇异检测算法是可行的和有效的。

5.5 补充说明

对于 6-UCU 型 Gough-Stewart 平台的驱动奇异，本章 5.3 节中是根据搜索结果 $\det(\boldsymbol{J})$，判定给定工作空间内是否存在 $\det(\boldsymbol{J})=0$ 的位姿来判断是否存在奇异的。实际上当接近驱动奇异时，Gough-Stewart 平台的性能将会发生变化，此时利用 $\det(\boldsymbol{J})=0$ 来判别并不可靠，可以采用条件数 $\mathrm{cond}(\boldsymbol{J})$ 或每个支路的驱动力大小来判别[20]。由于 $\boldsymbol{J}$ 中元素单位量纲不统一，致使 $\mathrm{cond}(\boldsymbol{J})$ 的数值随着长度单位使用不一样，数值发生变化。此时选择 $\mathrm{cond}(\boldsymbol{J})$ 值的数值大小来判定是否接近奇异位姿时需要反复斟酌。若解算后得到支路驱动力的大小大于设计的支路驱动力最大值，此时位姿并不能达到，可以选择每个支路的驱动力大小来验算是否接接近奇异位姿[10]。

对于 Gough-Stewart 平台的奇异，很多学者有其他的分类，如文献[18,28]把 Gough-Stewart 平台的奇异类型分为：模型奇异(formulation singularity)、位形奇异(configuration singularity)、构型奇异(achitecture singularity)。实际工程应用中，Gough-Stewart 平台一般采用对称的动平台和静平台的结构，如图 5-14 所示。此时在设计时，要避免采用下面两种构型奇异，分别如图 5-15 所示。图 5-15 (a)中表示在中位时，若动平台长边与静平台短边相互平行，且静平台长边与动平台短边相互平行时，是构型奇异。图 5-15(b)中表示在中位时，若 $\Delta s_1 s_2 s \sim \Delta U_1 U_2 U$，且动平台上 $s_6 s_5$ 与 $s_1 s$ 平行、$s_3 s_4$ 与 $s_2 s$ 平行，且静平台上 $U_6 U_5$ 与 $U_1 U$ 平行、$U_3 U_4$ 与 $U_2 U$ 平行时，是构型奇异[28]。模型奇异、位形奇异和构型奇异的详细分类，请看 Jorge Angeles 的学生 Ma Ou 的博士论文[28]。

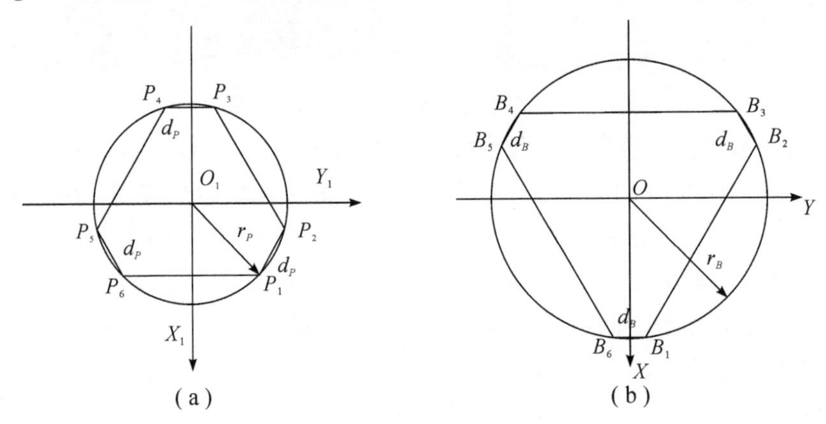

图 5-14 铰点位置示意图

(a)上铰点；(b)下铰点

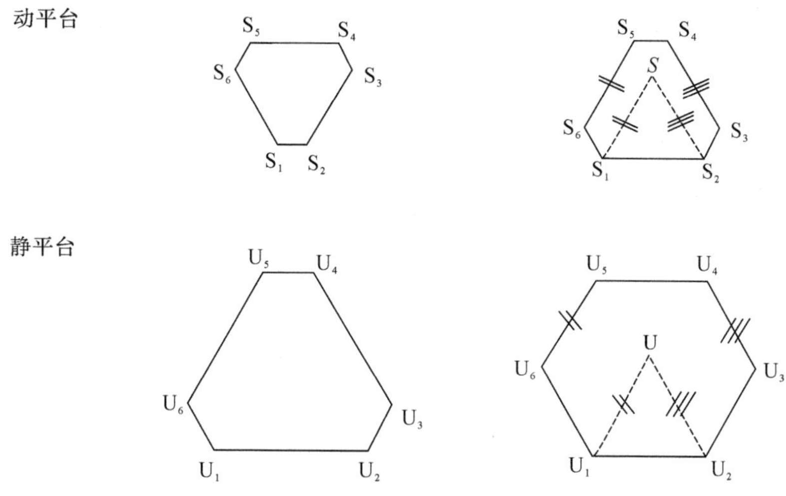

图 5－15　6-6 结构 Gough-Stewart 平台的两个构型奇异[28]

(a)构型 1;(b)构型 2

参 考 文 献

[1] Conconi M, Carricato M. A New Assessment of Singularities of Parallel Kinematic Chains[J]. IEEE Transactions on Robotics, 2009, 25(4):757-770.

[2] 赵景山，冯之敬，褚福磊. 机器人机构自由度分析理论[M]. 北京:科学出版社,2009:21－111,191－195.

[3] Merlet J P. Parallel Robots[M]. 2nd ed. Netherlands: Springer. 2006:206－208.

[4] Zlatanov D, Bonev I A, Gosselin C M. Constraint Singularities of Parallel Mechanisms [C]// Proceedings of the 2002 IEEE International Conference on Robotics and Automation. Washington, DC. , 2002.

[5] Zlatanov D, Fenton R G, Benhabib B. Singularity Analysis of Mechanisms and Robots via a Velocity-equation Model of the Instantaneous Kinematics[C]// Proceedings of the 1994 IEEE International Conference on Robotics and Automation. San Diego, 1994.

[6] Zlatanov D, Fenton R G, Benhabib B. Classification and Interpretation of the Singularities of Redundant Mechanisms[C]// Proceedings of the 1998 ASME Design Engineering Technical Conferences. Atlanta, 1998:4－5.

[7] Zlatanov D. Generalized Singularity Analysis of Mechanisms[D]. Toronto: University of Toronto, 1998:4－5.

[8] Merlet J P, Gosselin C M. Parallel Mechanisms and Robots[M]// Handbook of Robotics. Berlin－Heidelberg: Springer, 2008: 269－285.

[9] Liu G, Qu Z, Liu X, et al. Singularity Analysis and Detection of 6-UCU Parallel Manipulator[J]. Robotics and Computer-Integrated Manufacturing, 2014, 30(2):172-179.

[10] 马建明. 飞行模拟器液压 Stewart 平台奇异位形分析及其解决方法研究[D]. 哈尔滨:哈尔滨工业大学,2010:43－66,86－93.

[11] Tsai L W. Robot Analysis: the Mechanics of Serial and Parallel Manipulators[M]. New York: JOHN WILEY & SONS,INC, 1999:192－205,248－257.

[12] Zhu S J, Huang Z, Zhao M Y. Singularity Analysis for Six Practicable 5-DoF Fully-Symmetrical Parallel Manipulators[J]. Mechanism and Machine Theory, 2009, 44 (4): 710-725.

[13] Masouleh M T, Gosselin C. Singularity Analysis of 5-RPUR Parallel Mechanisms (3T2R)[J]. The International Journal of Advanced Manufacturing Technology, 2011, 57 (9-12): 1107-1121.

[14] Kong Xianwen, Gosselin C M. Type Synthesis of Parallel Mechanisms[M]. Berlin Heidelberg, New York: Springer, 2007:14,18－53.

[15] Zhao Jingshan, Feng Zhijing, Dong Jingxin. Computation of the Configuration Degree of Freedom of A Spatial Parallel Mechanism by Using Reciprocal Screw Theory[J]. Mechanism and Machine Theory, 2006, 41(12): 1486-1504.

[16] Merlet J P. Jacobian, Manipulability, Condition Number, and Accuracy of Parallel Robots[J]. Journal of Mechanical Design, 2006, 128: 199-206.

[17] Gosselin C M, Angeles J. Singularity Analysis of Closed-Loop Kinematic Chains[J]. IEEE Transactions on Robotics and Automation, 1990, 6(3):281-290.

[18] Ma O, Angeles J. Architecture Singularities of Platform Manipulators[C]// Proceedings of the 1991 IEEE International Conference on Robotics and Automation. Sacramento,1991.

[19] Merlet J P. Singular Configurations of Parallel Manipulators and Grassmann Geometry [J]. The International Journal of Robotics Research, 1989, 8(5):45-56.

[20]何景峰. 液压驱动六自由度并联机器人特性及其控制策略研究[D]. 哈尔滨:哈尔滨工业大学,2007:51-81.

[21] Yu Xinjie, Gen Mitsuo. Introduction to Evolutionary Algorithms[M]. Verlag London: Springer, 2010: 193-259.

[22] Deb K, Agrawal R B. Simulated Binary Crossover for Continuous Search Space[J]. Complex Systems, 1995, 9: 115-148.

[23] Deb K, Goyal M. A Combined Genetic Adaptive Search (GeneAS) for Engineering Design[J]. Computer Science and Informatics, 1996, 26(4): 30-45.

[24] Deb K. An Efficient Constraint Handling Method for Genetic Algorithms[J]. Computer

Methods in Applied Mechanics and Engineering，2000，186：311-338.

[25] Huang Z，Cao Y. Property Identification of the Singularity Loci of a Class of Gough-Stewart Manipulators[J]. The International Journal of Robotics Research，2005，24(8)：675-685.

[26] Blaise J，Bonev I，Monsarrat B，et al. Kinematic Characterisation of Hexapods for Industry[J]. Industrial Robot：An International Journal，2010，37(1)：79-88.

[27] Chen Wei-Shan，Chen Hua，Liu Jun-Kao. Extreme Configuration Bifurcation Analysis and Link Safety Length of Stewart Platform[J]. Mechanism and Machine Theory. 2008，43(5)：617-626.

[28] Ma Ou. Mechanical Analysis of Parallel Manipulators with Simulation，Design and Control Applications[D]. Montreal：McGill University，1991:130－162.

第6章　非冗余并联机器人奇异性分析与检测的一种工程方法

6.1 引　　言

随着并联机器人的深入研究与广泛应用，人们认识到并联机器人具备刚度高、精度高、误差小、承载能力大等优点，也存在一个主要的缺点是在工作空间内可能存在奇异。当机构在某一特定位姿时的动态静力(kinetostatic)特性相对于全局性能发生变化就叫作奇异[1]。由于并联机器人末端执行器的自由度具有数量、方向与类型等性质[2]，因此当末端执行器自由度的数量、方向和类型中任何一项发生了变化时，就说明产生了奇异。当并联机器人末端执行器的自由度减少时，不能满足应用要求，变为冗余驱动；当并联机器人末端执行器的自由度增多时，变得不可控；当并联机器人末端执行器的自由度的方向或类型发生变化时，变得不能满足所需要自由度的要求。为了设计出在工作空间内或工作轨迹内无奇异的并联机器人，应在设计过程中进行奇异性分析和奇异性检测[3]。为了正确无误地分析并联机器人的奇异性，必须把被动副的影响考虑进来[4]。本章考虑被动副的影响，以基于螺旋理论的自由度理论为基础，对非冗余并联机器人的奇异性进行分析。

实际上，“快速判定得到一个并联机器人在给定的工作区间或轨迹内是否存在奇异位姿的结论”在机器人设计过程中是至关重要的[3]。为了考虑非冗余并联机器人中主动副和被动副对奇异的影响，本章将提出相应的奇异性检测算法。最后通过实例分析来验证本章所提出的奇异性检测算法的有效性。

6.2 奇异性分析

如图6-1所示，非冗余并联机器人由n（$2\leqslant n\leqslant 6$）个支路连接到一个静平台和动平台上，且只有n个驱动器。每条支路由一个运动支链组成，且每个支路中有一个驱动动器。

根据不同的产生原因，把非冗余并联机器人奇异性分为两类：支路奇异和驱动奇异。由于并联机器人末端执行器的自由度具有数量、方向与类型等性质[2]，因此当末端执行器自由度的数量、方向和类型中任何一项发生了变化时，就说明产生了奇异。当其中任意一项发生变化时，我们把这个特殊位姿定义为支路奇异。在没有支路奇异的前提下，把所有的驱动器固定后，求得动平台上控制点的自由度不为0时，此特殊位姿定义为驱动奇异。

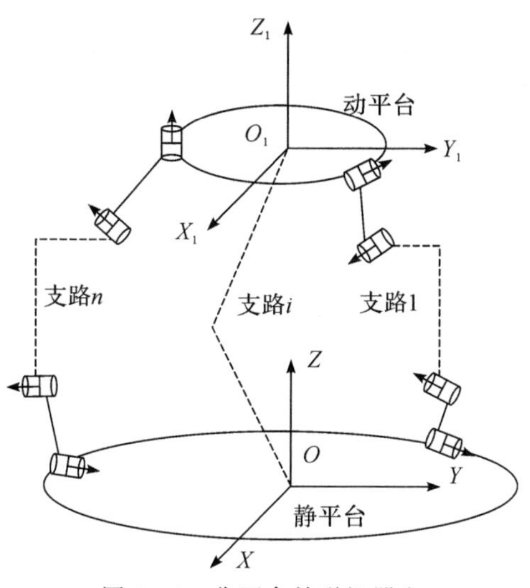

图 6-1　非冗余并联机器人

6.2.1　支路奇异分析

如图 6-1 所示，在静平台上建立一个直角坐标系 O-XYZ ，原点为 O 。为了分析方便，在动平台上以控制点 O_1 为坐标原点建立直角坐标系 O_1-$X_1Y_1Z_1$ 。坐标系 O_1-$X_1Y_1Z_1$ 的 X_1 ，Y_1 和 Z_1 轴分别与坐标系 O-XYZ 的 X ，Y 和 Z 轴平行。由于圆柱副可以等效为一个转动副加共轴线的移动副组成，球铰可以等效为不共面相交的 3 个转动副[5]，从而可假设每条支路是由单自由度的铰链组成的串联运动链。典型支路中铰链示意图如图 6-2 所示。其中：上标表示支路数，下标表示铰链数，f 表示第 i 个支路中总的单自由度铰链的数量。$\boldsymbol{\xi}_j^i$ 表示第 i 个支路中第 j 个铰链的运动螺旋，且是在坐标系 O_1-$X_1Y_1Z_1$ 中表示的。若是一个转动副，$\boldsymbol{\xi}_j^i$ 为

$$\boldsymbol{\xi}_j^i = \begin{bmatrix} \boldsymbol{s}_j^i \\ \boldsymbol{p}_j^i \times \boldsymbol{s}_j^i \end{bmatrix} \tag{6-1}$$

若是移动副，$\boldsymbol{\xi}_j^i$ 为

$$\boldsymbol{\xi}_j^i = \begin{bmatrix} \boldsymbol{0}_{3\times1} \\ \boldsymbol{s}_j^i \end{bmatrix} \tag{6-2}$$

式中　$\boldsymbol{s}_j^i$ ——第 i 个支路中第 j 个铰链轴线的单位矢量，且是在坐标系 O_1-$X_1Y_1Z_1$ 中表示的；

$\boldsymbol{p}_j^i$ ——第 i 个支路中第 j 个铰链在坐标系 O_1-$X_1Y_1Z_1$ 中的位置矢量。

$\boldsymbol{0}_{3\times1}$ —— 3×1 的零向量。

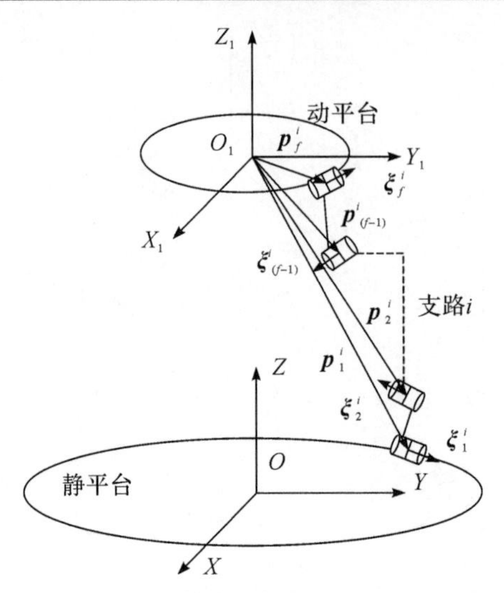

图 6-2　非冗余并联机器人的第 i 个支路

动平台的瞬时运动螺旋 $\boldsymbol{\xi}_P$ 从而可以表示为 f 个运动螺旋的组合，即

$$\boldsymbol{\xi}_P=\sum_{j=1}^{f}\dot{\theta}_j^i\boldsymbol{\xi}_j^i,\quad i=1,\cdots,n \tag{6-3}$$

式中　$\dot{\theta}_j^i$ ——第 i 个支路中第 j 个铰链的速率大小；

$\boldsymbol{\xi}_P=\begin{bmatrix}\boldsymbol{\omega}_P\\ \boldsymbol{v}_N\end{bmatrix}$，$\boldsymbol{\omega}_P$ 是动平台在坐标系 O-XYZ 中的转动速度矢量；

$\boldsymbol{v}_N$ ——动平台上控制点 O_1 在坐标系 O-XYZ 中的平移速度[5]。

在非冗余并联机器人的结构与参数给定后，动平台上控制点在某一位姿的自由度数量、方向与类型就会知道。非冗余并联机器人自由度的数量、方向与类型的具体分析方法，请查看清华大学赵景山等人的专著[6]。为了表示非冗余并联机器人动平台上控制点在某一位姿的自由度数量、方向与类型，把与其相应的单位运动螺旋 $\hat{\boldsymbol{\xi}}_{xr}$，$\hat{\boldsymbol{\xi}}_{yr}$，$\hat{\boldsymbol{\xi}}_{zr}$，$\hat{\boldsymbol{\xi}}_{xt}$，$\hat{\boldsymbol{\xi}}_{yt}$ 和 $\hat{\boldsymbol{\xi}}_{zt}$ 固定在动平台上控制点上，这些单位运动螺旋是在坐标系 O_1-$X_1Y_1Z_1$ 中表示的。其中：

$$\hat{\boldsymbol{\xi}}_{xr}=\begin{bmatrix}1\\0\\0\\0\\0\\0\end{bmatrix},\quad \hat{\boldsymbol{\xi}}_{yr}=\begin{bmatrix}0\\1\\0\\0\\0\\0\end{bmatrix},\quad \hat{\boldsymbol{\xi}}_{zr}=\begin{bmatrix}0\\0\\1\\0\\0\\0\end{bmatrix},\quad \hat{\boldsymbol{\xi}}_{xt}=\begin{bmatrix}0\\0\\0\\1\\0\\0\end{bmatrix},\quad \hat{\boldsymbol{\xi}}_{yt}=\begin{bmatrix}0\\0\\0\\0\\1\\0\end{bmatrix},\quad \hat{\boldsymbol{\xi}}_{zt}=\begin{bmatrix}0\\0\\0\\0\\0\\1\end{bmatrix} \tag{6-4}$$

例如：可以在坐标系 O_1-$X_1Y_1Z_1$ 中，在动平台控制点上固定 $\hat{\boldsymbol{\xi}}_{xt}$，$\hat{\boldsymbol{\xi}}_{yt}$ 和 $\hat{\boldsymbol{\xi}}_{zt}$，来表示一个三平动自由度非冗余并联机器人自由度的数量、方向与类型。

设定矩阵 $\boldsymbol{\$}^{i}$ 由第 i 个支路中所有主动副和被动副单位运动螺旋矢量组成的，即

$$\boldsymbol{\$}^{i}=\begin{bmatrix}\boldsymbol{\xi}_{1}^{i} & \cdots & \boldsymbol{\xi}_{a}^{i} & \cdots & \boldsymbol{\xi}_{f}^{i}\end{bmatrix} \tag{6-5}$$

式中　$\boldsymbol{\xi}_{a}^{i}$ —— i 个支路中主动副的单位运动螺旋。

根据螺旋理论与互易螺旋理论[5-7]，通过求解下面的方程，可得到第 i 个支路中第 j 个反螺旋 $\boldsymbol{x}=\boldsymbol{\xi}_{j}^{i}$ 。方程为

$$\boldsymbol{\$}\,\boldsymbol{x}=\mathbf{0} \tag{6-6}$$

式中，$\boldsymbol{\$}=(\boldsymbol{\$}^{i})^{\mathrm{T}}\boldsymbol{\Delta}$ ，$\boldsymbol{\Delta}=\begin{bmatrix}\mathbf{0}_{3\times3} & \boldsymbol{I}_{3\times3}\\ \boldsymbol{I}_{3\times3} & \mathbf{0}_{3\times3}\end{bmatrix}$。$\mathbf{0}_{3\times3}$ 和 $\boldsymbol{I}_{3\times3}$ 分别为 3×3 阶的 0 矩阵和单位矩阵。$\boldsymbol{x}=\boldsymbol{\zeta}_{j}^{i}$ 为第 i 个支路中第 j 个反螺旋，且是在动平台控制点处，是在坐标系 $O_1\text{-}X_1Y_1Z_1$ 中表示的。在 Matlab 中，可以利用指令 null($\boldsymbol{\$}$,′r′) 求得第 i 个支路中所有的反螺旋。

通过同样的方法，我们可以求得所有支路中所有的反螺旋，然后把它们组成为矩阵 $\boldsymbol{A}$ 。

$$\boldsymbol{A}=\begin{bmatrix}\boldsymbol{\zeta}_{1}^{1} & \cdots & \boldsymbol{\zeta}_{m}^{n}\end{bmatrix} \tag{6-7}$$

式中，$\boldsymbol{\zeta}_{m}^{n}$ 为第 n 个支路中第 m 个反螺旋，作用在动平台上控制点处。

设定矩阵 $\boldsymbol{C}$ 为所有支路中所有的反螺旋，和能表达动平台控制点处在坐标系 $O_1\text{-}X_1Y_1Z_1$ 中自由度数量、方向与类型的所有单位运动螺旋。假设此非冗余并联机器人为一个 3 平移自由度的结构，此时矩阵 $\boldsymbol{C}$ 为

$$\boldsymbol{C}=\begin{bmatrix}\boldsymbol{\zeta}_{1}^{1} & \cdots & \boldsymbol{\zeta}_{m}^{n} & \hat{\boldsymbol{\xi}}_{xt} & \hat{\boldsymbol{\xi}}_{yt} & \hat{\boldsymbol{\xi}}_{zt}\end{bmatrix} \tag{6-8}$$

非冗余并联机器人在某一位姿是否存在支路奇异，可以以下面步骤来进行判断：

(1)当 rank($\boldsymbol{A}$)= $(6-n)$ 和 rank($\boldsymbol{C}$)= 6 同时满足时，在这一位姿不存在支路奇异。

(2)当 rank($\boldsymbol{A}$)= $(6-n)$ 且 rank($\boldsymbol{C}$)< 6 时，这一位姿处于支路奇异。

(3)当 rank($\boldsymbol{A}$)≠ $(6-n)$ ，这一位姿处于支路奇异。

上面 rank($\boldsymbol{A}$) 表示矩阵 $\boldsymbol{A}$ 的秩。

为了方便利用编程语言编写搜索程序，定义另外一个函数 ran1 为

$$\mathrm{ran1}=\left|\mathrm{rank}(\boldsymbol{A})-(6-n)\right|+\left|\mathrm{rank}(\boldsymbol{C})-6\right| \tag{6-9}$$

式中，$\left|\mathrm{rank}(\boldsymbol{C})-6\right|$ 表示 $(\mathrm{rank}(\boldsymbol{C})-6)$ 的绝对值。

上面非冗余并联机器人在某一位姿是否存在支路奇异的判断步骤可以表示为

(1)当 ran1 = 0 时，这一位姿不处于支路奇异。

(2)当 ran1 > 0 时，这一位姿处于支路奇异。

6.2.2　驱动奇异分析

依据主动副可驱动整个并联机器人的判据[7-8]“对于非冗余并联机器人，在主动副锁定后，末端执行器的自由度应为 0”。得到：“所有驱动副能完整驱动整个非冗余并联机器人条件

为:在不存在支路奇异的前提下,固定所有的主动副后动平台控制点处的自由度应为 0”。如图 6-3 所示,固定第 i 个支路中主动副 $\boldsymbol{\xi}_a^i$ 后,设定矩阵 $\boldsymbol{\$}^{i\prime}$ 为第 i 个支路中所有被动副组成的单位运动螺旋矢量。

$$\boldsymbol{\$}^{i\prime} = [\boldsymbol{\xi}_1^i \quad \cdots \quad \boldsymbol{\xi}_f^i] \tag{6-10}$$

根据螺旋理论与互易螺旋理论[5-7],通过求解下面的方程,可得到第 i 个支路中第 j 个反螺旋 $\boldsymbol{x} = \boldsymbol{\zeta}_j^{i\prime}$。方程为

$$\boldsymbol{\$}'\boldsymbol{x} = \boldsymbol{0} \tag{6-11}$$

其中 $\boldsymbol{\$}' = (\boldsymbol{\$}^{i\prime})^{\mathrm{T}}\boldsymbol{\Delta}$ 。$\boldsymbol{x} = \boldsymbol{\zeta}_j^{i\prime}$为第 i 个支路中固定主动副后的第 j 个反螺旋,且是在动平台控制点处,是在坐标系 $O_1\text{-}X_1Y_1Z_1$ 中表示的。通过同样的方法,可以求得所有支路中固定主动副后所有的反螺旋,然后把它们组成为矩阵 $\boldsymbol{A}'$ 。

$$\boldsymbol{A}' = [\boldsymbol{\zeta}_1^{1\prime} \quad \cdots \quad \boldsymbol{\zeta}_{m'}^{n\prime}] \tag{6-12}$$

式中,$\boldsymbol{\zeta}_{m'}^{n\prime}$ 为第 n 个支路中固定主动副后第 m' 个反螺旋,作用在动平台上控制点处。

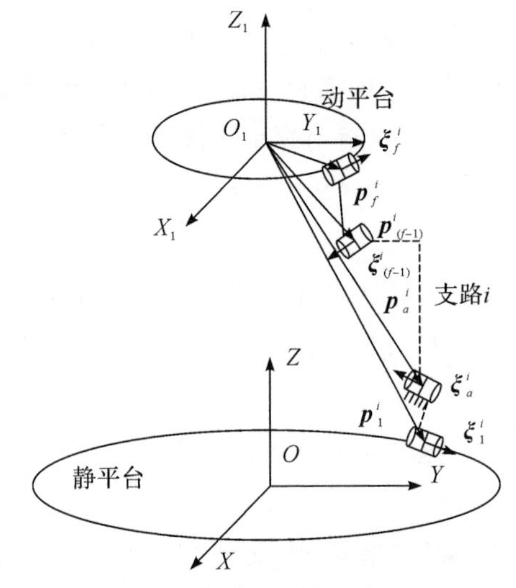

图 6-3 非冗余并联机器人固定主动副后的第 i 个支路

非冗余并联机器人在某一位姿是否存在驱动奇异,可以以下面步骤来进行判断:

(1)在不存在支路奇异的前提下,当 $\text{rank}(\boldsymbol{A}') = 6$ 时,在这一位姿不存在驱动奇异。

(2)在不存在支路奇异的前提下,当 $\text{rank}(\boldsymbol{A}') \neq 6$ 时,在这一位姿存在驱动奇异。

为了方便利用编程语言编写搜索程序,定义另外一个函数 ran2 为

$$\text{ran2} = |\text{rank}(\boldsymbol{A}') - 6| \tag{6-13}$$

上面非冗余并联机器人在某一位姿是否存在驱动奇异的判断步骤可以重新表示为:

(1)在不存在支路奇异的前提下,当 $\text{ran2} = 0$ 时,在这一位姿不存在驱动奇异。

(2)在不存在支路奇异的前提下,当 $\text{ran2} > 0$ 时,在这一位姿存在驱动奇异。

6.3　奇异性检测

并联机器人处于奇异位姿时致使末端执行器达不到所要求的自由度，或导致内力增大致使机构破坏，因此在工作空间或工作轨迹内不能存在奇异位姿。特别是在某些需要高性能的应用场合，如飞行模拟器，此时在整个可达工作空间内不应存在奇异位姿。实际上，在机器人的设计阶段中去确定在给定工作空间或轨迹内是否存在奇异是至关重要的，且一个快速得到是否存在奇异位姿的检测答案是重要的[3]。6.2 节中对非冗余并联机器人的奇异性进行了分析，不仅得到了支路奇异产生的条件，还得到驱动奇异产生的条件。本节将提出相应的支路奇异检测算法和驱动奇异检测算法。

6.3.1　奇异性检测采用的进化策略

为了能在六维空间里直接搜索得到非冗余并联机器人奇异性检测算法中目标函数的极值，需要利用具有全局搜索能力的算法。具有全局搜索能力的进化算法，如遗传算法、进化策略、粒子群算法等，被广泛地应用于寻优中[9]。由于进化策略采用实数编码和精英保留策略，从而具有高效、快速搜索得到全局优化解的能力[9]，因此本章采用 $(\mu+\lambda)$ 进化策略用于奇异性检测算法中搜索目标函数的极值。本章采用的进化策略的运算流程与采用的参数取值与 5.3.1 节一样，详细内容请见 5.3.1 节。

6.3.2　支路奇异检测算法

提出的支路奇异检测算法步骤如下：

(1)编写一个子函数来计算某一位姿处式(6-9)中 $-\mathrm{ran1}$ 的值。

(2)设定寻优的目标函数为最小化 $-\mathrm{ran1}$ 。

(3)运用 Deb 提出的约束处理方法[10]和 $(\mu+\lambda)$ 进化策略搜录 $(-\mathrm{ran1})_{\min}$ 的优化值。其中 $(-\mathrm{ran1})_{\min}$ 是在给定工作空间内 $-\mathrm{ranl}$ 的最小值。

(4)若 $(-\mathrm{ran1})_{\min}=0$ ，说明在给定工作空间内没有支路奇异；若 $(-\mathrm{ran1})_{\min}<0$ ，说明在给定工作空间内存在支路奇异。

6.3.3　驱动奇异检测算法

在给定工作空间内不存在支路奇异的前提下，提出的驱动奇异检测算法如下：

(1)编写一个子函数来计算某一位姿处式(6-13)中 $-\mathrm{ran2}$ 的值。

(2)设定寻优的目标函数为最小化 $-\mathrm{ran2}$ 。

(3)运用 Deb 提出的约束处理方法[10]和 $(\mu+\lambda)$ 进化策略搜录 $(-\mathrm{ran2})_{\min}$ 的优化值。其

中 $(-ran2)_{min}$ 是在给定工作空间内 $-ran2$ 的最小值。

(4)若 $(-ran2)_{min}=0$,说明在给定工作空间内没有驱动奇异;若 $(-ran2)_{min}<0$,说明在给定工作空间内存在驱动奇异。

6.4 实例分析

为了验证6.3节中所提的奇异性检测算法的有效性,本节对实验室为某用户制造的一台电动6-UCU型Gough-Stewart平台[11]进行奇异性检测。Gough-Stewart平台的具体参数请见5.4.1节。

对于此电动6-UCU型Gough-Stewart平台,运用6.3.2节的算法,在可达工作空间内对它的支路奇异进行检测。当寻优总次数为2 000时,搜索的计算时间总共为1 006.90s。每一次搜索的结果如图6-4所示。由于 $(-ran1)_{min}$ 的值都为0,从而在整个可达工作空间内不存在支路奇异。

由于在整个可达工作空间内不存在支路奇异,运用6.3.3节的算法在整个可达工作空间内对它的驱动奇异进行检测。当寻优总次数为2 000时,搜索的计算时间总共为863.74s。每一次搜索的结果如图6-5所示。由于 $(-ran2)_{min}$ 的值都为0,从而在整个可达工作空间内不存在驱动奇异。这些检测得到的结果与第5章相符,说明所提出的算法是有效的。

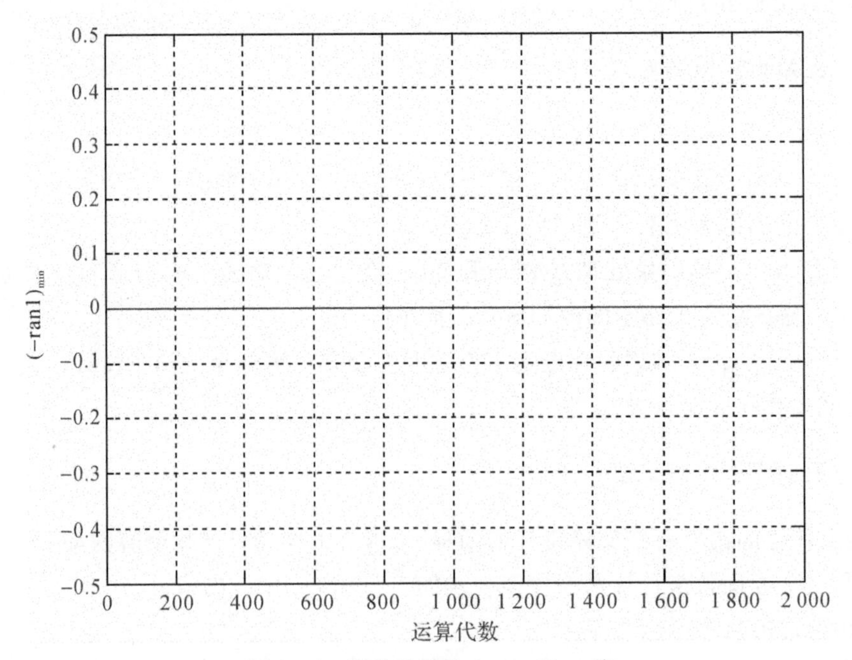

图6-4 每次寻优的 $(-ran1)_{min}$ 值

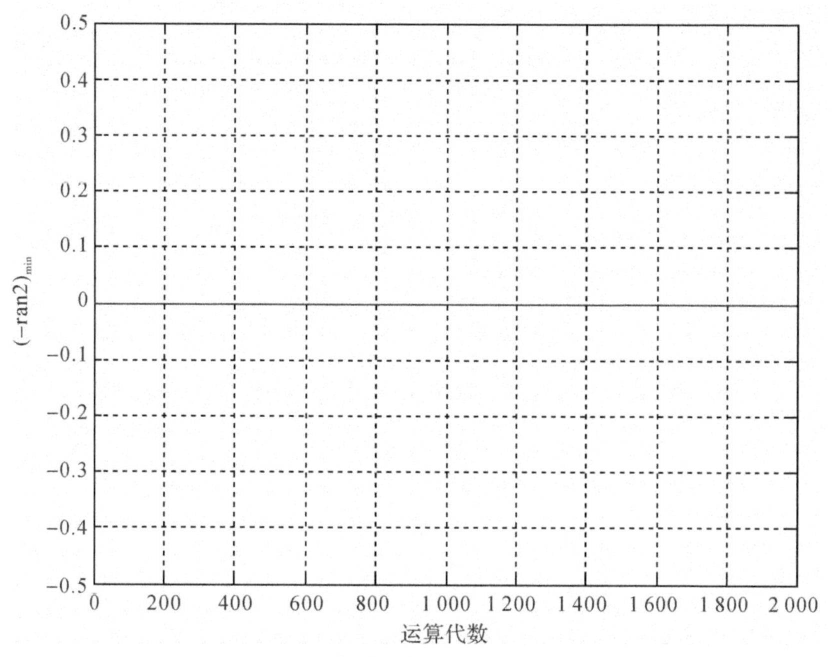

图 6－5　每次寻优的 $(-\mathrm{ran2})_{\min}$ 值

6.5　补充说明

本章提出的非冗余并联机器人的奇异性分析与检测方法的有效性验证，只是通过一个6-UCU型 Gough-Stewart 平台进行了检验，并不完全，以后需要用其他的实例来进行验证。同时本章采用的方法是用来判别是否存在奇异的。实际上当接近驱动奇异时，非冗余并联机器人的性能将会发生变化，此时可计算驱动力的大小来进行判别是否接近驱动奇异位姿。

参考文献

[1] Conconi M, Carricato M. A New Assessment of Singularities of Parallel Kinematic Chains[J]. IEEE Transactions on Robotics, 2009, 25(4):757-770.

[2] 赵景山，冯之敬，褚福磊. 机器人机构自由度分析理论[M]. 北京：科学出版社，2009：21－111，191－195.

[3] Merlet J P. Parallel Robots[M]. 2nd ed. Netherlands: Springer, 2006:206－208.

[4] Merlet J P, Gosselin C M. Parallel Mechanisms and Robots[M]//Handbook of Robotics. Berlin－Heidelberg: Springer, 2008: 269－285.

[5] Tsai LW. Robot Analysis: the Mechanics of Serial and Parallel Manipulators[M]. New

York：John Wiley & Sons，1999:247 - 248.

[6] Zhao J，Feng Z，Chu F，et al. Advanced Theory of Constraint and Motion Analysis for Robot Mechanisms[M]. Oxford：Academic Press，2013.

[7] Kong Xianwen，Gosselin C M. Type Synthesis of Parallel Mechanisms[M]. Berlin Heidelberg：Springer，2007:14,18 - 53.

[8] Merlet J P. Jacobian，Manipulability，Condition Number，and Accuracy of Parallel Robots[J]. Journal of Mechanical Design. 2006，128：199-206.

[9] Yu Xinjie，Gen Mitsuo. Introduction to Evolutionary Algorithms[M]. Verlag London：Springer，2010:193 - 259.

[10] Deb K. An Efficient Constraint Handling Method for Genetic Algorithms[J]. Computer Methods in Applied Mechanics and Engineering，2000，186：311-338.

[11] 马建明. 飞行模拟器液压 Stewart 平台奇异位形分析及其解决方法研究[D]. 哈尔滨:哈尔滨工业大学,2010:43 - 66,86 - 93.

第 7 章 Gough-Stewart 平台的性能指标函数

7.1 引　　言

世界上著名的并联机器人学者 Merlet[1] 指出:“当机构的结构参数选择不太合适时,运动性能可能会很差”,从而在设计过程中需要进行优化[2]。当对并联机器人进行设计时,有些设计者采用试凑的方法设计得到结构参数,但采用试凑的方法一般很难得到合适的结构尺寸[3];有些学者基于作图册(atlas)的方法来设计参数,但作图册的方法只适用于设计参数变量很少的情况[3];使用最多的方法是基于目标函数的优化方法[3]。机器人优化设计中最常用的优化目标函数是基于运动学雅克比矩阵的可操作度和条件数[4-7]。

在进行优化设计工作之前,首先需要清楚了解并联机器人各项性能指标函数的定义和它们的数学描述,才能选择合适的目标函数进行优化设计[8]。本章对两个常用的 Gough-Stewart 平台性能指标函数——基于运动学传统雅克比矩阵的可操作度和条件数进行了详细的介绍。由于它们的值随着运动学传统雅克比矩阵中元素表示单位的不同而发生变化,从而对文献中常用的构造量纲统一的新雅克比矩阵的方法——特征长度法和三点坐标法也进行了详细的介绍。特征长度物理意义不明确,且其取值存在任意性[4,9-10]。当采用三点坐标法时,选取的三个点具有任意性,建立的新雅克比矩阵是各个作动器伸缩速度与三个点平移速度之间的关系,而不是各个作动器伸缩速度与控制点之间的关系,且其值随着选择的三个点不同而不同[9]。为了度量各个作动器动态特性的一致性,本章将基于铰点工作空间内的广义惯量矩阵建立一个数值不随量纲表示单位不同而发生变化的新性能指标函数。

7.2 常用性能指标函数介绍

当对机器人进行优化设计时,很多学者提出了多种性能指标函数,如基于运动学雅克比矩阵的可操作度和条件数[4-6]、固有频率[11]、广义惯性椭球体(generalized-inertia ellipsoid)等性能指标函数[12],但最常用的性能指标函数是基于运动学雅克比矩阵的可操作度和条件数[4-7],本节只对常用的基于运动学雅克比矩阵的可操作度和条件数进行介绍。

1. 基于运动学传统雅克比矩阵的可操作度和条件数

为了对只采用转动副或只采用移动副的串联机器人的可操作性进行定量分析,Yoshikawa[13] 定义了可操作度性能指标函数为

$$w(\boldsymbol{J}) = \sqrt{\det(\boldsymbol{J}\boldsymbol{J}^{\mathrm{T}})} \tag{7-1}$$

式中　$w(\boldsymbol{J})$ ——在某一位姿时，基于运动学雅克比矩阵 $\boldsymbol{J}$ 的可操作度性能指标函数；

det ——表示求矩阵的行列式值。

$w(\boldsymbol{J})$ 也常应用于六自由度并联机器人中，表示速度传输能力，即机器人的灵巧性[4]。

把第 3 章中雅克比矩阵 $\boldsymbol{J}$ 的具体表达式代入式(7-1)中，得到

$$\boldsymbol{J}\boldsymbol{J}^{\mathrm{T}}=\begin{bmatrix}\boldsymbol{n}_1^{\mathrm{T}}\boldsymbol{n}_1+(\boldsymbol{p}_1\times\boldsymbol{n}_1)^{\mathrm{T}}(\boldsymbol{p}_1\times\boldsymbol{n}_1) & \cdots & \boldsymbol{n}_1^{\mathrm{T}}\boldsymbol{n}_6+(\boldsymbol{p}_1\times\boldsymbol{n}_1)^{\mathrm{T}}(\boldsymbol{p}_6\times\boldsymbol{n}_6)\\ \vdots & & \vdots\\ \boldsymbol{n}_6^{\mathrm{T}}\boldsymbol{n}_1+(\boldsymbol{p}_6\times\boldsymbol{n}_6)^{\mathrm{T}}(\boldsymbol{p}_1\times\boldsymbol{n}_1) & \cdots & \boldsymbol{n}_6^{\mathrm{T}}\boldsymbol{n}_6+(\boldsymbol{p}_6\times\boldsymbol{n}_6)^{\mathrm{T}}(\boldsymbol{p}_6\times\boldsymbol{n}_6)\end{bmatrix} \tag{7-2}$$

由于 $\boldsymbol{n}_k^{\mathrm{T}}\boldsymbol{n}_j\ (k=1,\cdots,6;\ j=1,\cdots,6)$ 的量纲为一，而 $(\boldsymbol{p}_k\times\boldsymbol{n}_k)^{\mathrm{T}}(\boldsymbol{p}_j\times\boldsymbol{n}_j)$ 的量纲为长度的二次方，从而 $\boldsymbol{n}_k^{\mathrm{T}}\boldsymbol{n}_j+(\boldsymbol{p}_k\times\boldsymbol{n}_k)^{\mathrm{T}}(\boldsymbol{p}_j\times\boldsymbol{n}_j)$ 的量纲不统一，所以致使 Gough-Stewart 平台的可操作度性能指标 $w(\boldsymbol{J})$ 的值将会随着其元素表示单位的不同而发生变化。

Salisbury 和 Craig[14] 在设计机械手时，为了对只采用转动副或只采用移动副的串联机器人的精度进行定量分析，首次定义了基于雅克比矩阵的条件数。当运动学雅克比矩阵中各元素量纲都一样时，基于运动学雅克比矩阵的条件数性能指标函数定义为[5]

$$\mathrm{cond}(\boldsymbol{J})=\frac{\sigma_{\max}(\boldsymbol{J})}{\sigma_{\min}(\boldsymbol{J})} \tag{7-3}$$

式中　$\mathrm{cond}(\boldsymbol{J})$ ——在某一位姿时，基于运动学雅克比矩阵 $\boldsymbol{J}$ 的条件数性能指标函数；

$\sigma_{\max}(\boldsymbol{J})$ ——在某一位姿时，运动学雅克比矩阵 $\boldsymbol{J}$ 的最大奇异值；

$\sigma_{\min}(\boldsymbol{J})$ ——在某一位姿时，运动学雅克比矩阵 $\boldsymbol{J}$ 的最小奇异值。

$\mathrm{cond}(\boldsymbol{J})$ 也常被应用于 Gough-Stewart 平台中，表示精度性能指标[4]。由于 Gough-Stewart 平台雅克比矩阵 $\boldsymbol{J}$ 中元素量纲不统一，从而 $\mathrm{cond}(\boldsymbol{J})$ 的值将会随着其元素表示单位的不同而发生变化。

为了说明 Gough-Stewart 平台基于运动学传统雅克比矩阵 $\boldsymbol{J}$ 的 $w(\boldsymbol{J})$ 与 $\mathrm{cond}(\boldsymbol{J})$ 都会随着其元素表示单位的不同而发生变化，现对一个例子进行分析。本章采用第 3 章 3.5 节中的仿真例子。当长度单位采用米和毫米时，基于运动学传统雅克比矩阵 $\boldsymbol{J}$ 的性能指标函数 $w(\boldsymbol{J})$ 和 $\mathrm{cond}(\boldsymbol{J})$ 的值分别如图 7-1 和图 7-2 所示。由图 7-1 得到：当长度单位使用米与毫米时，$w(\boldsymbol{J})$ 的值不一样；由图 7-2 可得：当长度单位使用米与毫米时，$\mathrm{cond}(\boldsymbol{J})$ 的值也不一样，即它们的值随着长度单位的不同而发生改变。

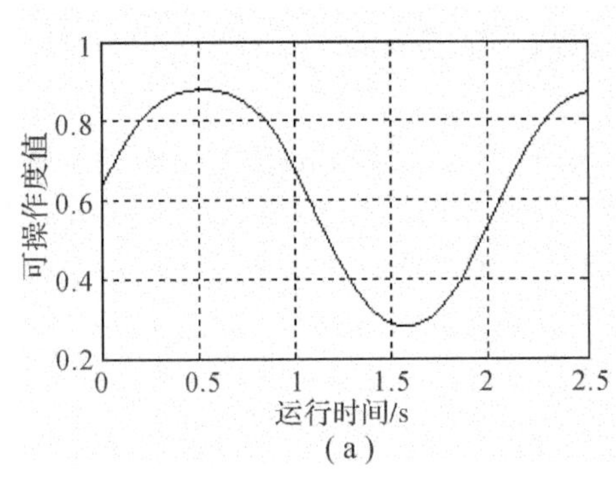

(a)

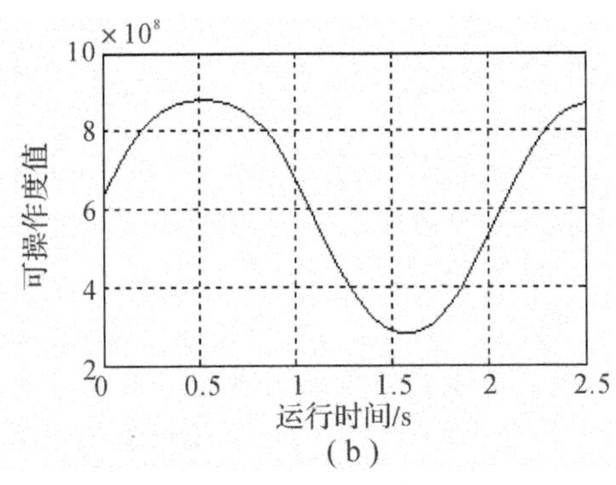

(b)

图 7-1　基于雅克比矩阵 $\boldsymbol{J}$ 的可操作度 $w(\boldsymbol{J})$

(a) 长度单位用米表示；(b) 长度单位用毫米表示

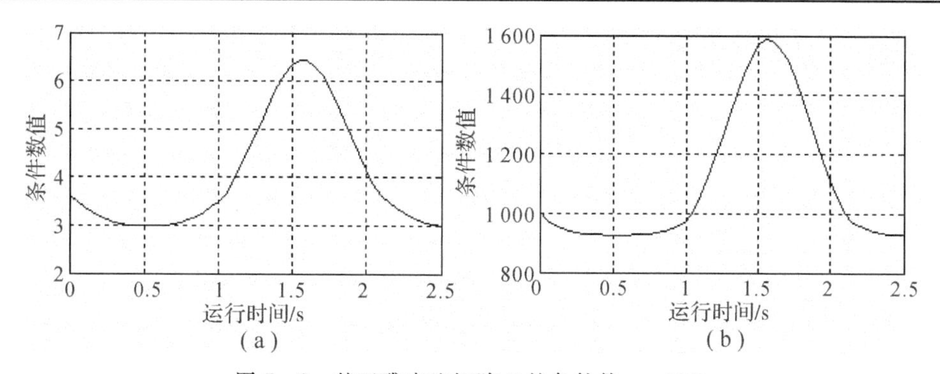

图 7-2　基于雅克比矩阵 $\boldsymbol{J}$ 的条件数 cond($\boldsymbol{J}$)

(a) 长度单位用米表示；(b) 长度单位用毫米表示

2. 基于特征长度法构建运动学雅克比矩阵的可操作度和条件数

由上面的分析可知 Gough-Stewart 平台基于运动学传统雅克比矩阵 $\boldsymbol{J}$ 的 $w(\boldsymbol{J})$ 与 cond($\boldsymbol{J}$) 的值随着长度表示单位变化而发生改变，产生的原因是雅克比矩阵 $\boldsymbol{J}$ 中每一行的首三项元素具有的量纲为一，而后三项元素具有长度的量纲，从而致使传统雅克比矩阵 $\boldsymbol{J}$ 中元素量纲不统一。为了构造量纲统一的新雅克比矩阵，Ma 与 Angeles[15]、Zanganeh 与 Angeles[16]、Fattah与 Hasan Ghasemi[17]、Carrelli 与 Bryant[18] 利用特征长度对 Gough-Stewart 平台构造量纲统一的新雅克比矩阵。他们都是利用各向同性来得到特征长度值的表达式的，具体的推导过程如下[18]。

由第 3 章中分析结果得到

$$\dot{\boldsymbol{l}} = \boldsymbol{J}\begin{bmatrix} \dot{\boldsymbol{p}} \\ \boldsymbol{\omega}_P \end{bmatrix} \tag{7-4}$$

式中

$$\boldsymbol{J} = \begin{bmatrix} \boldsymbol{n}_1^{\mathrm{T}} & (\boldsymbol{p}_1 \times \boldsymbol{n}_1)^{\mathrm{T}} \\ \vdots & \vdots \\ \boldsymbol{n}_6^{\mathrm{T}} & (\boldsymbol{p}_6 \times \boldsymbol{n}_6)^{\mathrm{T}} \end{bmatrix}$$

式(7-4)左右两边乘以特征长度 L，得到

$$L\dot{\boldsymbol{l}} = L\boldsymbol{J}\begin{bmatrix} \dot{\boldsymbol{p}} \\ \boldsymbol{\omega}_P \end{bmatrix} = \begin{bmatrix} \boldsymbol{n}_1^{\mathrm{T}} & L(\boldsymbol{p}_1 \times \boldsymbol{n}_1)^{\mathrm{T}} \\ \vdots & \vdots \\ \boldsymbol{n}_6^{\mathrm{T}} & L(\boldsymbol{p}_6 \times \boldsymbol{n}_6)^{\mathrm{T}} \end{bmatrix}\begin{bmatrix} L\dot{\boldsymbol{p}} \\ \boldsymbol{\omega}_P \end{bmatrix} = \boldsymbol{J}_{h1}\begin{bmatrix} L\dot{\boldsymbol{p}} \\ \boldsymbol{\omega}_P \end{bmatrix} \tag{7-5}$$

式中　L ——特征长度；

$\boldsymbol{J}_{h1}$ ——利用特征长度法构建量纲统一的新雅克比矩阵，为

$$\boldsymbol{J}_{h1} = \begin{bmatrix} \boldsymbol{n}_1^{\mathrm{T}} & L(\boldsymbol{p}_1 \times \boldsymbol{n}_1)^{\mathrm{T}} \\ \vdots & \vdots \\ \boldsymbol{n}_6^{\mathrm{T}} & L(\boldsymbol{p}_6 \times \boldsymbol{n}_6)^{\mathrm{T}} \end{bmatrix}$$

由上面 $\boldsymbol{J}_{h1}$ 与 $\boldsymbol{J}$ 的表达式，得到

$$\boldsymbol{J}_{h1}=\begin{bmatrix}\boldsymbol{n}_1^{\mathrm{T}} & L(\boldsymbol{p}_1\times\boldsymbol{n}_1)^{\mathrm{T}}\\ \vdots & \vdots\\ \boldsymbol{n}_6^{\mathrm{T}} & L(\boldsymbol{p}_6\times\boldsymbol{n}_6)^{\mathrm{T}}\end{bmatrix}=\boldsymbol{J}\begin{bmatrix}\boldsymbol{I}_3 & \boldsymbol{0}_3\\ \boldsymbol{0}_3 & L\boldsymbol{I}_3\end{bmatrix}\tag{7-6}$$

式中 $\boldsymbol{I}_3$ ——3×3 阶单位矩阵；

$\boldsymbol{0}_3$ ——3×3 阶零矩阵。

根据各向同性的定义，在某一位姿各向同性时有关系式[18]

$$\boldsymbol{J}_{h1}^{\mathrm{T}}\boldsymbol{J}_{h1}=\sigma^2\boldsymbol{I}_6\tag{7-7}$$

式中 $\boldsymbol{I}_6$ ——6×6 阶单位矩阵；

σ ——不等于 0 的一个标量。

把矩阵 $\boldsymbol{J}_{h1}$ 分块后代入式(7－7)中，得到

$$\boldsymbol{J}_{h1}^{\mathrm{T}}\boldsymbol{J}_{h1}=\begin{bmatrix}\boldsymbol{Z}\\ L\boldsymbol{Q}\end{bmatrix}\begin{bmatrix}\boldsymbol{Z}^{\mathrm{T}} & L\boldsymbol{Q}^{\mathrm{T}}\end{bmatrix}=\begin{bmatrix}\boldsymbol{Z}\boldsymbol{Z}^{\mathrm{T}} & L\boldsymbol{Z}\boldsymbol{Q}^{\mathrm{T}}\\ L\boldsymbol{Q}\boldsymbol{Z}^{\mathrm{T}} & L^2\boldsymbol{Q}\boldsymbol{Q}^{\mathrm{T}}\end{bmatrix}\tag{7-8}$$

式中

$$\boldsymbol{Z}^{\mathrm{T}}=\begin{bmatrix}\boldsymbol{n}_1^{\mathrm{T}}\\ \vdots\\ \boldsymbol{n}_6^{\mathrm{T}}\end{bmatrix}$$

$$\boldsymbol{Q}^{\mathrm{T}}=\begin{bmatrix}(\boldsymbol{p}_1\times\boldsymbol{n}_1)^{\mathrm{T}}\\ \vdots\\ (\boldsymbol{p}_6\times\boldsymbol{n}_6)^{\mathrm{T}}\end{bmatrix}$$

令式(7－7)与式(7－8)的右边相等，得到

$$\boldsymbol{Z}\boldsymbol{Z}^{\mathrm{T}}=L^2\boldsymbol{Q}\boldsymbol{Q}^{\mathrm{T}}=\sigma^2\boldsymbol{I}_3\tag{7-9}$$

式(7－9)中对矩阵求迹，得到

$$\mathrm{tr}(\boldsymbol{Z}\boldsymbol{Z}^{\mathrm{T}})=6\tag{7-10}$$

$$\mathrm{tr}(\boldsymbol{Q}\boldsymbol{Q}^{\mathrm{T}})=\sum_{i=1}^{6}\|\boldsymbol{p}_i\|_2^2\tag{7-11}$$

式中 tr ——对矩阵求迹运算；

$\|\boldsymbol{p}_i\|_2$ ——求向量 $\boldsymbol{p}_i$ 的 2 范数。

由式(7－9)至式(7－11)，得到特征长度 L 的表达式为

$$L=\frac{\sqrt{6}}{\sqrt{\sum_{i=1}^{6}\|\boldsymbol{p}_i\|_2^2}}\tag{7-12}$$

同样，基于运动学新雅克比矩阵 $\boldsymbol{J}_{h1}$ 的可操作度性能指标函数定义为

$$w(\boldsymbol{J}_{h1})=\sqrt{\det(\boldsymbol{J}_{h1}\boldsymbol{J}_{h1}^{\mathrm{T}})}\tag{7-13}$$

式中　$w(\boldsymbol{J}_{h1})$ ——在某一位姿，基于运动学新雅克比矩阵 $\boldsymbol{J}_{h1}$ 的可操作度性能指标函数。

同样，基于运动学新雅克比矩阵 $\boldsymbol{J}_{h1}$ 的条件数定义为

$$\operatorname{cond}(\boldsymbol{J}_{h1}) = \frac{\sigma_{\max}(\boldsymbol{J}_{h1})}{\sigma_{\min}(\boldsymbol{J}_{h1})} \tag{7-14}$$

式中　$\operatorname{cond}(\boldsymbol{J}_{h1})$ ——在某一位姿时，基于运动学雅克比矩阵 $\boldsymbol{J}_{h1}$ 的条件数；

$\sigma_{\max}(\boldsymbol{J}_{h1})$ ——在某一位姿时，运动学雅克比矩阵 $\boldsymbol{J}_{h1}$ 的最大奇异值；

$\sigma_{\min}(\boldsymbol{J}_{h1})$ ——在某一位姿时，运动学雅克比矩阵 $\boldsymbol{J}_{h1}$ 的最小奇异值。

由于特征长度的量纲为长度的倒数，从而 $\boldsymbol{J}_{h1}$ 中各元素的量纲为一，因此得到基于新雅克比矩阵 $\boldsymbol{J}_{h1}$ 的可操作度与条件数不会随 $\boldsymbol{J}_{h1}$ 中元素单位的不同而发生变化。为了说明 Gough-Stewart 平台基于新雅克比矩阵 $\boldsymbol{J}_{h1}$ 的 $w(\boldsymbol{J}_{h1})$ 与 $\operatorname{cond}(\boldsymbol{J}_{h1})$ 都不随着其元素表示单位的不同而发生改变，同样采用上面的例子进行说明。当长度单位采用米和毫米时，基于新雅克比矩阵 $\boldsymbol{J}_{h1}$ 的性能指标函数 $w(\boldsymbol{J}_{h1})$ 和 $\operatorname{cond}(\boldsymbol{J}_{h1})$ 的值分别如图 7-3、图 7-4 所示。由图 7-3 知，当长度单位使用米与毫米时，$w(\boldsymbol{J}_{h1})$ 的值保持不变；由图 7-4 知，当长度单位使用米与毫米时，$\operatorname{cond}(\boldsymbol{J}_{h1})$ 的值也保持不变，即它们的值不会随着长度单位的不同而发生改变。

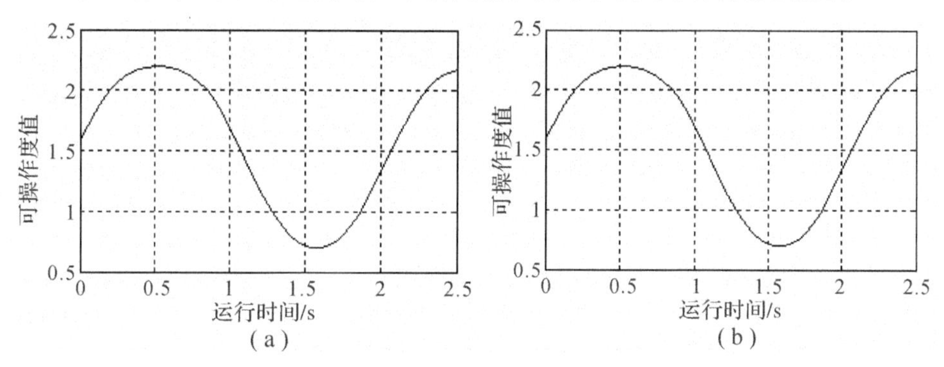

图 7-3　基于雅克比矩阵 $\boldsymbol{J}_{h1}$ 的可操作度 $w(\boldsymbol{J}_{h1})$

(a) 长度单位用米表示；(b) 长度单位用毫米表示

当 ${}^{L}\boldsymbol{w} = \boldsymbol{0}_{3\times1}$ 与 $\boldsymbol{w}_1 = \boldsymbol{0}_{3\times1}$，且在中位时，Ma Ou[19] 通过数值方法优化分析得到：$\operatorname{cond}(\boldsymbol{J}_{h1})$ 的优化最小值为 $\sqrt{2}$，此时需满足下面的条件：

$$d_P = 0,\quad d_B = 0,\quad r_P = \sqrt{3}L,\quad r_B = 2\sqrt{3}L,\quad z_P = \sqrt{3}L \tag{7-15}$$

式中　z_P ——中位时，上铰点构成平面与下铰点构成平面的距离。

此时优化解与特征长度 L 的具体数值大小无关，即 L 的取值具有任意性[19]。特征长度的提出者 Angeles[10] 于 2006 年指出："特征长度没有最小的值，是任意的，且它的定义没有物理意义"。

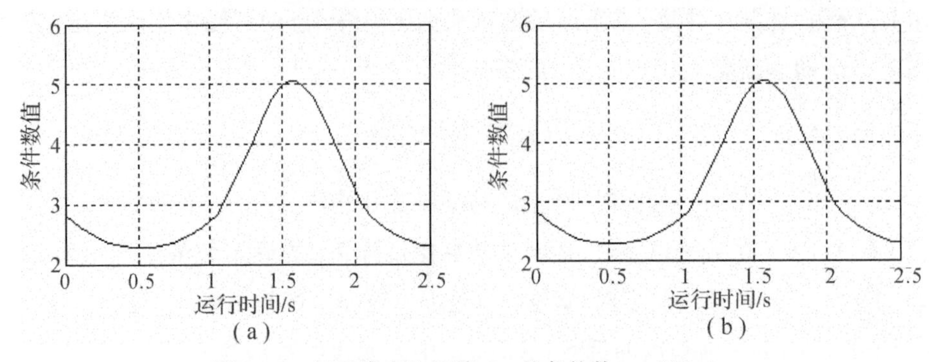

图 7-4　基于雅克比矩阵 $\boldsymbol{J}_{h1}$ 的条件数 cond($\boldsymbol{J}_{h1}$)

(a) 长度单位用米表示;(b)长度单位用毫米表示

3. 基于三点坐标法构建运动学雅克比矩阵的可操作度和条件数

由于运动学传统雅克比矩阵 $\boldsymbol{J}$ 中元素量纲不统一,从而致使基于传统雅克比矩阵 $\boldsymbol{J}$ 的 $w(\boldsymbol{J})$ 与 cond($\boldsymbol{J}$) 的值随着长度表示单位变化而发生改变。为了对同时能转动与移动的机构构造量纲统一的新雅克比矩阵,也有很多学者用三点坐标法建立量纲统一的新雅克比矩阵,如 Gosselin[20]、Kim 与 Ryu[21]、Altuzarra 等人[22] 与 Kong 等人[23]。利用三点坐标法构造 Gough-Stewart 平台量纲统一的新雅克比矩阵的具体推导过程如下。

在 Gough-Stewart 平台的动平台上取不在同一条直线上的不同的 3 个点 A_1 , A_2 , A_3 ,首先把它们在惯性坐标系 {W} 中的平移速度矢量构造成一个 9 维的广义速度列向量,然后把作动器伸缩速度组成的列向量通过一个 6×9 的无量纲新雅克比矩阵用这个 9 维的广义速度向量来表示。它们的关系式表示如下:

$$\dot{\boldsymbol{l}} = \boldsymbol{J}\begin{bmatrix}\dot{\boldsymbol{p}}\\ \boldsymbol{\omega}_P\end{bmatrix} = \boldsymbol{J}_{h2}\begin{bmatrix}\boldsymbol{v}_{A1}\\ \boldsymbol{v}_{A2}\\ \boldsymbol{v}_{A3}\end{bmatrix} \tag{7-16}$$

式中　$\boldsymbol{J}_{h2}$ ——用三点坐标法构造的 6×9 的无量纲新雅克比矩阵;

$\boldsymbol{v}_{A1}$ ——动平台上点 A_1 在惯性坐标系 {W} 中的平移速度矢量;

$\boldsymbol{v}_{A2}$ ——动平台上点 A_2 在惯性坐标系 {W} 中的平移速度矢量;

$\boldsymbol{v}_{A3}$ ——动平台上点 A_3 在惯性坐标系 {W} 中的平移速度矢量。

推导 $\mathbf{J}_{h2}$ 表达式的具体过程如下:

动平台上的点 A_1 , A_2 , A_3 在惯性坐标系 {W} 中的线速度可表示为

$$\boldsymbol{v}_{Ai} = \dot{\boldsymbol{p}} + \boldsymbol{\omega}_P \times \boldsymbol{p}_{Ai} \tag{7-17}$$

式中　$\boldsymbol{p}_{Ai}$ —— ${}^L\boldsymbol{p}_{Ai}$ 在惯性坐标系 {W} 中的表示,有 $\boldsymbol{p}_{Ai} = \boldsymbol{R}^L\boldsymbol{p}_{Ai}$;

${}^L\boldsymbol{p}_{Ai}$ ——动平台上的点 A_i 在体坐标系 {L} 中的位置矢量(i 取值 1,2,3)。

根据式(7-17)可得到

$$\boldsymbol{v}_{A2} - \boldsymbol{v}_{A1} = \boldsymbol{\omega}_P \times \boldsymbol{r}_{12} \tag{7-18}$$

式中

$$\boldsymbol{r}_{12} = \boldsymbol{p}_{A2} - \boldsymbol{p}_{A1}$$

式(7－18)两边左叉乘 $\boldsymbol{r}_{12}$，得到

$$\boldsymbol{r}_{12} \times (\boldsymbol{v}_{A2} - \boldsymbol{v}_{A1}) = (\| \boldsymbol{r}_{12} \|_2^2 \boldsymbol{I}_3 - \boldsymbol{r}_{12} \boldsymbol{r}_{12}^{\mathrm{T}})\boldsymbol{\omega}_P \tag{7-19}$$

式中　$\| \boldsymbol{r}_{12} \|_2$——对 $\boldsymbol{r}_{12}$ 取 2－范数。

利用点 A_1 与 A_3 的速度关系可得到

$$\boldsymbol{r}_{13} \times (\boldsymbol{v}_{A3} - \boldsymbol{v}_{A1}) = (\| \boldsymbol{r}_{13} \|_2^2 \boldsymbol{I}_3 - \boldsymbol{r}_{13} \boldsymbol{r}_{13}^{\mathrm{T}})\boldsymbol{\omega}_P \tag{7-20}$$

式中　$\| \boldsymbol{r}_{13} \|_2$——对 $\boldsymbol{r}_{13}$ 取 2－范数。

由式(7－19)与式(7－20)得到

$$\boldsymbol{\omega}_P = \boldsymbol{B}^{-1}\boldsymbol{e} \tag{7-21}$$

式中

$$\boldsymbol{B} = \boldsymbol{B}_{12} + \boldsymbol{B}_{13}$$
$$\boldsymbol{e} = \boldsymbol{e}_{12} + \boldsymbol{e}_{13}$$
$$\boldsymbol{B}_{12} = \| \boldsymbol{r}_{12} \|_2^2 \boldsymbol{I}_3 - \boldsymbol{r}_{12} \boldsymbol{r}_{12}^{T}$$
$$\boldsymbol{B}_{13} = \| \boldsymbol{r}_{13} \|_2^2 \boldsymbol{I}_3 - \boldsymbol{r}_{13} \boldsymbol{r}_{13}^{T}$$
$$\boldsymbol{e}_{12} = \boldsymbol{r}_{12} \times (\boldsymbol{v}_{A2} - \boldsymbol{v}_{A1})$$
$$\boldsymbol{e}_{13} = \boldsymbol{r}_{13} \times (\boldsymbol{v}_{A3} - \boldsymbol{v}_{A1})$$

赵景山等人[24]已证明：当选择不共线的不同三点时，由它们构造的矩阵 $\boldsymbol{B}$ 一定不奇异，即此时 $\boldsymbol{B}^{-1}$ 一定存在。

由式(7－17)得到

$$\dot{\boldsymbol{p}} = \boldsymbol{v}_{A1} - \boldsymbol{\omega}_P \times \boldsymbol{p}_{A1} \tag{7-22}$$

把 $\boldsymbol{v}_{A2} - \boldsymbol{v}_{A1}$ 和 $\boldsymbol{v}_{A3} - \boldsymbol{v}_{A1}$ 分别由 A_1，A_2，A_3 三个点的平移速度矢量表示为

$$\boldsymbol{v}_{A2} - \boldsymbol{v}_{A1} = [-\boldsymbol{I}_3 \quad \boldsymbol{I}_3 \quad \boldsymbol{0}_3] \begin{bmatrix} \boldsymbol{v}_{A1} \\ \boldsymbol{v}_{A2} \\ \boldsymbol{v}_{A3} \end{bmatrix} \tag{7-23}$$

$$\boldsymbol{v}_{A3} - \boldsymbol{v}_{A1} = [-\boldsymbol{I}_3 \quad \boldsymbol{0}_3 \quad \boldsymbol{I}_3] \begin{bmatrix} \boldsymbol{v}_{A1} \\ \boldsymbol{v}_{A2} \\ \boldsymbol{v}_{A3} \end{bmatrix} \tag{7-24}$$

把式(7－23)和式(7－24)代入 $\boldsymbol{e}$ 的表达式中，得到

$$\boldsymbol{e} = \boldsymbol{U}_{eq} \begin{bmatrix} \boldsymbol{v}_{A1} \\ \boldsymbol{v}_{A2} \\ \boldsymbol{v}_{A3} \end{bmatrix} \tag{7-25}$$

式中

$$\boldsymbol{U}_{eq} = \tilde{\boldsymbol{r}}_{12}[-\boldsymbol{I}_3 \quad \boldsymbol{I}_3 \quad \boldsymbol{0}_3] + \tilde{\boldsymbol{r}}_{13}[-\boldsymbol{I}_3 \quad \boldsymbol{0}_3 \quad \boldsymbol{I}_3]$$

式中　$\widetilde{\boldsymbol{r}}_{12}$ ——由向量 $\boldsymbol{r}_{12}$ 中元素构成的反对称矩阵，表示左叉乘；

$\widetilde{\boldsymbol{r}}_{13}$ ——由向量 $\boldsymbol{r}_{13}$ 中元素构成的反对称矩阵，表示左叉乘。

把式(7-25)代入式(7-21)中，得到

$$\boldsymbol{\omega}_P = \boldsymbol{U}_{\omega q}\begin{bmatrix}\boldsymbol{v}_{A1}\\ \boldsymbol{v}_{A2}\\ \boldsymbol{v}_{A3}\end{bmatrix} \tag{7-26}$$

式中

$$\boldsymbol{U}_{\omega q} = \boldsymbol{B}^{-1}\boldsymbol{U}_{eq}$$

根据式(7-22)，$\dot{\boldsymbol{p}}$ 也可表示成

$$\dot{\boldsymbol{p}} = \boldsymbol{U}_{vq}\begin{bmatrix}\boldsymbol{v}_{A1}\\ \boldsymbol{v}_{A2}\\ \boldsymbol{v}_{A3}\end{bmatrix} \tag{7-27}$$

其中

$$\boldsymbol{U}_{vq} = [\boldsymbol{I}_3 \quad \boldsymbol{0}_3 \quad \boldsymbol{0}_3] + \widetilde{\boldsymbol{p}}_{A1}\boldsymbol{B}^{-1}\boldsymbol{U}_{eq}$$

式中　$\widetilde{\boldsymbol{p}}_{A1}$ ——向量 $\boldsymbol{p}_{A1}$ 中元素构成的反对称矩阵，表示左叉乘。

由上面的表达式得到新的 6×9 阶无量纲新雅克比矩阵 $\boldsymbol{J}_{h2}$ 为

$$\boldsymbol{J}_{h2} = \boldsymbol{J}\begin{bmatrix}\boldsymbol{U}_{vq}\\ \boldsymbol{U}_{\omega q}\end{bmatrix} \tag{7-28}$$

同样，基于运动学新雅克比矩阵 $\boldsymbol{J}_{h2}$ 的可操作度性能指标函数定义为

$$w(\boldsymbol{J}_{h2}) = \sqrt{\det(\boldsymbol{J}_{h2}\boldsymbol{J}_{h2}^{\mathrm{T}})} \tag{7-29}$$

式中　$w(\boldsymbol{J}_{h2})$ ——在某一位姿时，基于运动学新雅克比矩阵 $\boldsymbol{J}_{h2}$ 的可操作度性能指标函数。

同样，基于运动学新雅克比矩阵 $\boldsymbol{J}_{h2}$ 的条件数性能指标函数定义为

$$\mathrm{cond}(\boldsymbol{J}_{h2}) = \frac{\sigma_{\max}(\boldsymbol{J}_{h2})}{\sigma_{\min}(\boldsymbol{J}_{h2})} \tag{7-30}$$

式中　$\mathrm{cond}(\boldsymbol{J}_{h2})$ ——在某一位姿时，基于运动学雅克比矩阵 $\boldsymbol{J}_{h2}$ 的条件数性能指标函数；

$\sigma_{\max}(\boldsymbol{J}_{h2})$ ——在某一位姿时，运动学雅克比矩阵 $\boldsymbol{J}_{h2}$ 的最大奇异值；

$\sigma_{\min}(\boldsymbol{J}_{h2})$ ——在某一位姿时，运动学雅克比矩阵 $\boldsymbol{J}_{h2}$ 的最小奇异值。

由于 $\dot{\boldsymbol{l}}$ 与 $\boldsymbol{v}_{A1}$，$\boldsymbol{v}_{A2}$，$\boldsymbol{v}_{A3}$ 中各元素的量纲都是一样的，因此 $\boldsymbol{J}_{h2}$ 中元素的量纲都为一，致使基于新雅克比矩阵 $\boldsymbol{J}_{h2}$ 的可操作度与条件数性能指标函数都不随着其元素表示单位的不同而发生变化。为了说明 Gough-Stewart 平台基于新雅克比矩阵 $\boldsymbol{J}_{h2}$ 的 $w(\boldsymbol{J}_{h2})$ 与 $\mathrm{cond}(\boldsymbol{J}_{h2})$ 都不随着其元素表示单位的不同而发生变化，同样采用上面的例子进行分析说明，且选取上铰点 P_1，P_3，P_5 分别作为上面式子推导过程中的点 A_1，A_2，A_3。当长度单位采用米和毫米时，基于新雅克比矩阵 $\boldsymbol{J}_{h2}$ 的性能指标函数 $w(\boldsymbol{J}_{h2})$ 与 $\mathrm{cond}(\boldsymbol{J}_{h2})$ 的值分别如图 7-5、图 7-6 所示。由图 7-5 得到：当长度单位使用米与毫米时，$w(\boldsymbol{J}_{h2})$ 的值保持不变；由图 7-6 得到：当长度

单位使用米与毫米时，cond($\boldsymbol{J}_{h2}$)的值也保持不变，即它们的值不会随着长度单位的不同而发生变化。

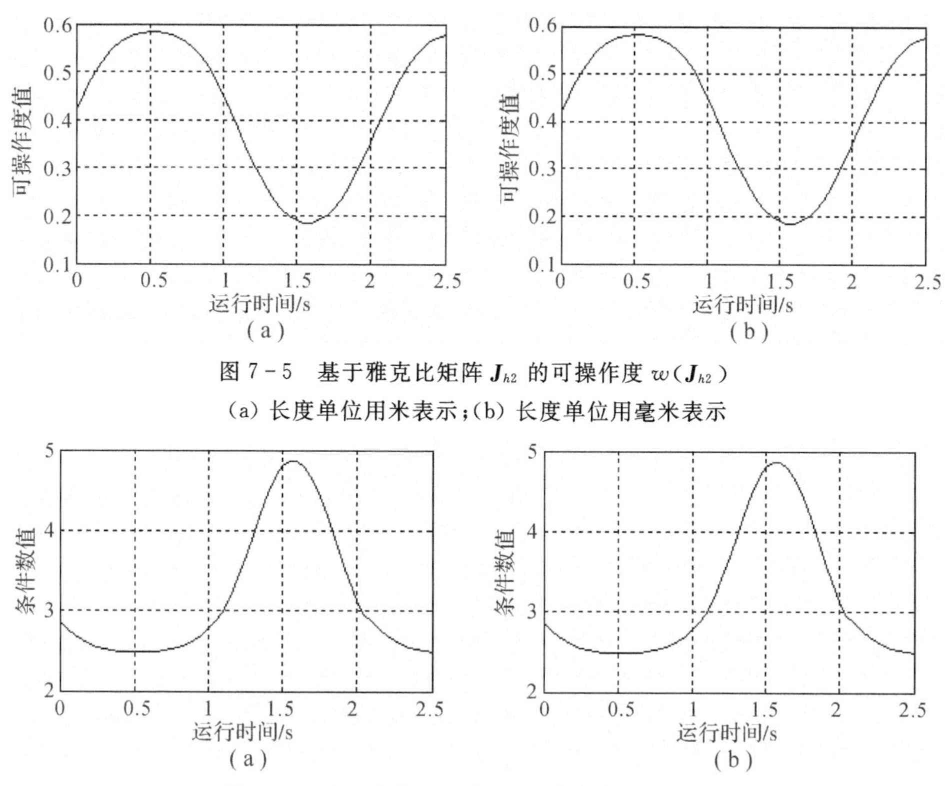

图 7-5　基于雅克比矩阵 $\boldsymbol{J}_{h2}$ 的可操作度 $w(\boldsymbol{J}_{h2})$

(a) 长度单位用米表示；(b) 长度单位用毫米表示

图 7-6　基于雅克比矩阵 $\boldsymbol{J}_{h2}$ 的条件数 cond($\boldsymbol{J}_{h2}$)

(a) 长度单位用米表示；(b) 长度单位用毫米表示

7.3　新建性能指标函数

由于 Gough-Stewart 平台不仅能转动还能移动，导致运动学传统雅克比矩阵中的元素不统一，从而致使基于运动学传统雅克比矩阵的可操作度与条件数值随矩阵中元素表示单位的不同而变化。为了解决这一个问题，很多学者提出用特征长度法或三点坐标法来构造量纲为一的新雅克比矩阵，但特征长度的取值具有任意性[10]，且不具有明确的物理意义[10]。当采用三点坐标法构造 Gough-Stewart 平台的量纲为一的新雅克比矩阵时，此时得到的新雅克比矩阵是各个作动器伸缩速度与动平台上所选取的三个点速度之间的关系矩阵，而不是各个作动器伸缩速度与动平台上控制点速度之间的关系，且其值随着选择的三个点不同而不同[9]。为了度量各个作动器动态特性的一致性，本章将在铰点工作空间内基于一个广义惯量矩阵建立一个数值不随量纲表示单位不同而发生变化的新性能指标函数。

整个 Gough-Stewart 平台的动能为[25]

$$K_e = \frac{1}{2}\dot{\boldsymbol{x}}_C^{\mathrm{T}}\hat{\boldsymbol{M}}_C\dot{\boldsymbol{x}}_C + \frac{1}{2}\sum_{i=1}^{6}(\dot{\boldsymbol{x}}_{1i}^{\mathrm{T}}\hat{\boldsymbol{M}}_{1i}\dot{\boldsymbol{x}}_{1i} + \dot{\boldsymbol{x}}_{2i}^{\mathrm{T}}\hat{\boldsymbol{M}}_{2i}\dot{\boldsymbol{x}}_{2i}) \tag{7-31}$$

式中 K_e ——整个 Gough-Stewart 平台的动能；

$\dot{\boldsymbol{x}}_C$ ——动平台与负载综合体质心处的广义速度，有

$$\dot{\boldsymbol{x}}_C = \begin{bmatrix} \boldsymbol{v}_C \\ \boldsymbol{\omega}_P \end{bmatrix}$$

$\hat{\boldsymbol{M}}_C$ ——动平台与负载综合体在综合体质心处的广义惯量矩阵，有

$$\hat{\boldsymbol{M}}_C = \begin{bmatrix} m_C\boldsymbol{I}_3 & \boldsymbol{0}_3 \\ \boldsymbol{0}_3 & \boldsymbol{I}_C \end{bmatrix};$$

$\dot{\boldsymbol{x}}_{1i}$ ——支路 i 中缸筒端质心处 C_{1i} 的广义速度，有

$$\dot{\boldsymbol{x}}_{1i} = \begin{bmatrix} \boldsymbol{v}_{1i} \\ \boldsymbol{\omega}_i \end{bmatrix}$$

$\hat{\boldsymbol{M}}_{1i}$ ——支路 i 中缸筒端在质心处 C_{1i} 的广义惯量矩阵，有

$$\hat{\boldsymbol{M}}_{1i} = \begin{bmatrix} m_{1i}\boldsymbol{I}_3 & \boldsymbol{0}_3 \\ \boldsymbol{0}_3 & \boldsymbol{I}_{1i} \end{bmatrix}$$

$\dot{\boldsymbol{x}}_{2i}$ ——支路 i 中活塞杆端质心处 C_{2i} 的广义速度，有

$$\dot{\boldsymbol{x}}_{2i} = \begin{bmatrix} \boldsymbol{v}_{2i} \\ \boldsymbol{\omega}_i \end{bmatrix}$$

$\hat{\boldsymbol{M}}_{2i}$ ——支路 i 中活塞杆端在质心处 C_{2i} 的广义惯量矩阵，有

$$\hat{\boldsymbol{M}}_{2i} = \begin{bmatrix} m_{2i}\boldsymbol{I}_3 & \boldsymbol{0}_3 \\ \boldsymbol{0}_3 & \boldsymbol{I}_{2i} \end{bmatrix}$$

在设计的初始阶段，由于不需要考虑虎克铰轴线方向布置的影响，因此可把 Gough-Stewart 平台看作 6－UPS 并联机器人忽略支路绕自身轴线方向转动角速度的简化模型。利用第 2 章中速度反解分析得到简化模型中各个广义速度之间的关系如下：

$$\dot{\boldsymbol{x}}_C = \boldsymbol{J}_C\begin{bmatrix} \boldsymbol{v}_P \\ \boldsymbol{\omega}_P \end{bmatrix} \tag{7-32}$$

$$\dot{\boldsymbol{x}}_{1i} = \boldsymbol{J}_{1i}\begin{bmatrix} \boldsymbol{v}_P \\ \boldsymbol{\omega}_P \end{bmatrix} \tag{7-33}$$

$$\dot{\boldsymbol{x}}_{2i} = \boldsymbol{J}_{2i}\begin{bmatrix} \boldsymbol{v}_P \\ \boldsymbol{\omega}_P \end{bmatrix} \tag{7-34}$$

将式(7－32)至式(7－34)代入式(7－31)中，得到

$$K_e = \frac{1}{2}\begin{bmatrix} \boldsymbol{v}_P \\ \boldsymbol{\omega}_P \end{bmatrix}^{\mathrm{T}}\left(\boldsymbol{J}_C^{\mathrm{T}}\hat{\boldsymbol{M}}_C\boldsymbol{J}_C + \sum_{i=1}^{6}(\boldsymbol{J}_{1i}^{\mathrm{T}}\hat{\boldsymbol{M}}_{1i}\boldsymbol{J}_{1i} + \boldsymbol{J}_{2i}^{\mathrm{T}}\hat{\boldsymbol{M}}_{2i}\boldsymbol{J}_{2i})\right)\begin{bmatrix} \boldsymbol{v}_P \\ \boldsymbol{\omega}_P \end{bmatrix} \tag{7-35}$$

将式(7－4)代入式(7－35)中，得到

$$K_e = \frac{1}{2}\dot{\boldsymbol{l}}^{\mathrm{T}}\boldsymbol{J}^{-\mathrm{T}}\left(\boldsymbol{J}_C^{\mathrm{T}}\hat{\boldsymbol{M}}_C\boldsymbol{J}_C + \sum_{i=1}^{6}(\boldsymbol{J}_{1i}^{\mathrm{T}}\hat{\boldsymbol{M}}_{1i}\boldsymbol{J}_{1i} + \boldsymbol{J}_{2i}^{\mathrm{T}}\hat{\boldsymbol{M}}_{2i}\boldsymbol{J}_{2i})\right)\boldsymbol{J}^{-1}\dot{\boldsymbol{l}} \tag{7-36}$$

定义铰点工作空间中的广义惯量矩阵 $\boldsymbol{M}_g$ 为[25]

$$\boldsymbol{M}_g = \boldsymbol{J}^{-\mathrm{T}}\left(\boldsymbol{J}_C^{\mathrm{T}}\hat{\boldsymbol{M}}_C\boldsymbol{J}_C + \sum_{i=1}^{6}(\boldsymbol{J}_{1i}^{\mathrm{T}}\hat{\boldsymbol{M}}_{1i}\boldsymbol{J}_{1i} + \boldsymbol{J}_{2i}^{\mathrm{T}}\hat{\boldsymbol{M}}_{2i}\boldsymbol{J}_{2i})\right)\boldsymbol{J}^{-1} \tag{7-37}$$

式中　$\boldsymbol{M}_g$ ——铰点工作空间中的广义惯量矩阵。

为了度量各个作动器动态特性的一致性，定义新的性能指标函数为基于铰点工作空间中广义惯量矩阵 $\boldsymbol{M}_g$ 的条件数，其表达式为

$$\mathrm{cond}(\boldsymbol{M}_g) = \frac{\sigma_{\max}(\boldsymbol{M}_g)}{\sigma_{\min}(\boldsymbol{M}_g)} \tag{7-38}$$

式中　$\mathrm{cond}(\boldsymbol{M}_g)$ ——在某一位姿时，基于广义惯量矩阵 $\boldsymbol{M}_g$ 的条件数性能指标函数，用来度量各个作动器动态特性的一致性；

$\sigma_{\max}(\boldsymbol{M}_g)$ ——在某一位姿时，广义惯量矩阵 $\boldsymbol{M}_g$ 的最大奇异值；

$\sigma_{\min}(\boldsymbol{M}_g)$ ——在某一位姿时，广义惯量矩阵 $\boldsymbol{M}_g$ 的最小奇异值。

由式(7-36)与式(7-37)得到广义惯量矩阵 $\boldsymbol{M}_g$ 中元素的量纲统一，从而得到 $\mathrm{cond}(\boldsymbol{M}_g)$ 的值不会随 $\boldsymbol{M}_g$ 中元素表示单位的不同而发生变化。为了说明 Gough-Stewart 平台基于广义惯量矩阵 $\boldsymbol{M}_g$ 的 $\mathrm{cond}(\boldsymbol{M}_g)$ 不随着其元素表示单位的不同而发生变化，同样采用上面的例子进行说明。当长度、质量单位分别采用米和千克，毫米和克时，基于广义惯量矩阵 $\boldsymbol{M}_g$ 的性能指标函数 $\mathrm{cond}(\boldsymbol{M}_g)$ 的值如图 7-7 所示。由图 7-7 得到：当广义惯量矩阵 $\boldsymbol{M}_g$ 中元素的表示单位发生变化时，$\mathrm{cond}(\boldsymbol{M}_g)$ 的值保持不变，即它们的值不会随着矩阵中元素单位的不同而发生改变。

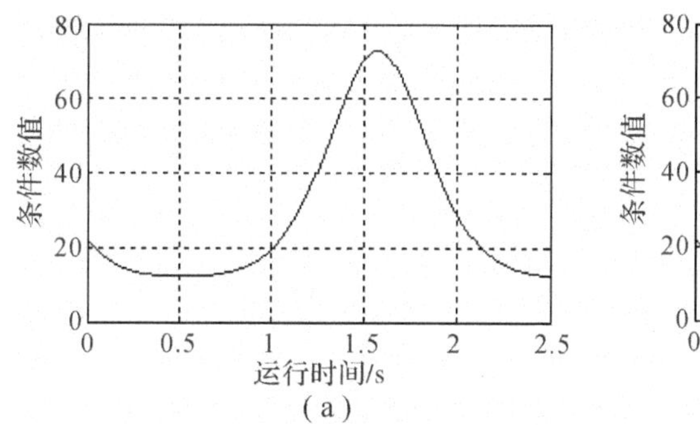

(a)

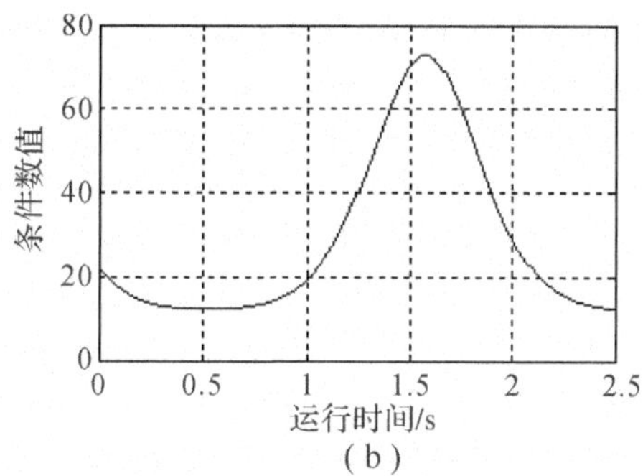

(b)

图 7-7　基于广义惯量矩阵 $\boldsymbol{M}_g$ 的条件数 $\mathrm{cond}(\boldsymbol{M}_g)$

(a) 长度单位用米和质量单位用千克表示；(b) 长度单位用毫米和质量单位用克表示

7.4　本章小结

本章对两个常用的 Gough-Stewart 平台性能指标函数——基于运动学雅克比矩阵的可操作度和条件数进行了介绍，并通过分析与仿真实例验证了基于运动学传统雅克比矩阵的可操

作度与条件数性能指标数值会随着矩阵中元素表示单位的不同而发生变化，也介绍了两种常用构造量纲统一的新雅克比矩阵的方法——特征长度法与三点坐标法。特征长度没有明确的物理意义，且取值存在任意性。采用三点坐标法构造的新雅克比矩阵成了各个作动器伸缩速度与所选取三个点平移速度之间的关系矩阵，而不是各个作动器伸缩速度与控制点速度之间的关系矩阵，且其值会随着所选择三个点的不同而发生变化。为了度量各个作动器动态特性的一致性，本章在铰点工作空间内定义了一个新的性能指标函数——基于广义惯量矩阵的条件数。由于广义惯量矩阵中元素量纲统一，从而其条件数不会随着矩阵中元素表示单位的不同而发生变化，并通过仿真实例得到了验证。上述工作为 Gough-Stewart 平台优化设计中性能指标函数的选择提供参考。

参考文献

[1] Merlet J P. Optimal Design of Robots[C]// Proceedings of Robotics: Science and Systems, Cambridge, USA, June, 2005

[2] Hao F, Merlet J P. Multi-criteria Optimal Design of Parallel Manipulators Based on Interval Analysis[J]. Mechanism and Machine Theory, 2005, 40(2): 157-171.

[3] Merlet J P, Daney D. Appropriate Design of Parallel Manipulators[M]//Smart Devices and Machines for Advanced Manufacturing. London: Springer, 2008: 1-25.

[4] Merlet J P. Jacobian, Manipulability, Condition Number, and Accuracy of Parallel Robots[J]. Journal of Mechanical Design, 2006, 128: 199-206

[5] Angeles J. Fundamentals of Robotic Mechanical Systems: Theory, Methods, and Algorithms[M]. 2nd ed. New York:Springer-Verlag Inc., 2003.

[6] Elkady A, Mohammed M, Sobh T. A New Algorithm for Measuring and Optimizing the Manipulability Index[J]. Journal of Intelligent and Robotic Systems, 2010, 59(1): 75-86.

[7] Yoshikawa T. Foundations of Robotics: Analysis and Control[M]. Cambridge: The MIT Press, 1990: 127-153.

[8] 何景峰. 液压驱动六自由度并联机器人特性及其控制策略研究[D]. 哈尔滨:哈尔滨工业大学,2007:82-114.

[9] Merlet J P. Parallel Robots[M]. 2nd ed. Netherlands: Springer, 2006:166-170.

[10] Angeles J. Is There a Characteristic Length of a Rigid-body Displacement [J]. Mechanism and Machine Theory, 2006, 41(8): 884-896.

[11] 代小林，何景峰，韩俊伟，等. 对接机构综合试验台运动模拟器的固有频率[J]. 吉林大学学报(工学版)，2009，39(1)：308-313.

[12] Angeles J, Park C F. Performance Evaluation and Design Criteria[C]//Handbook of

Robotics. Berlin-Heidelberg: Springer, 2008: 229-244.

[13] Yoshikawa T. Manipulability of Robotic Mechanisms[J]. The International Journal of Robotics Research, 1985, 4(2): 3-9.

[14] Salisbury J K, Craig J J. Articulated Hands: Force Control and Kinematic Issues[J]. The International Journal of Robotics Research. 1982, 1(1): 4-17.

[15] Ma O, Angeles J. Optimum Architecture Design of Platform Manipulators[C]// Fifth International Conference on Advanced Robotics. Pisa: IEEE, 1991: 1130-1135.

[16] Zanganeh K E, Angeles J. Kinematic Isotropy and the Optimum Design of Parallel Manipulators[J]. International Journal of Robotics Research, 1997, 16(2): 185-197.

[17] Fattah A, Ghasemi A M H. Isotropic Design of Spatial Parallel Manipulators[J]. The International Journal of Robotics Research, 2002, 21(9): 811-824.

[18] Carrelli D J, Bryant R B. A Proposed Unit Independent Dexterity Calculation for Use in Motion Base Design[C]// AIAA Modeling and Simulation Technologies Conference and Exhibit. Rhode Island: Providence, AIAA, 2004: 1-10.

[19] Ma Ou. Mechanical Analysis of Parallel Manipulators with Simulation,Design and Control Applications[D]. Montreal:McGill University, 1991:122,151－162.

[20] Gosselin C M. Optimum Design of Robotic Manipulators Using Dexterity Indices [J]. Robotics and Autonomous Systems, 1992, 9(4):213-226.

[21] Kim S G, Ryu J. New Dimensionally Homogeneous Jacobian Matrix Formulation by Three End-Effector Points for Optimal Design of Parallel Manipulators [J]. IEEE Transactions on Robotics and Automation, 2003, 19(4):731-737.

[22] Altuzarra O, Salgado O, Petuya V, et al. Point-Based Jacobian Formulation for Computational Kinematics of Manipulators[J]. Mechanism and Machine Theory. 2006, 41 (12): 1407-1423.

[23] Kong M, Zhang Y, Du Z, et al. A Novel Approach to Deriving the Unit-Homogeneous Jacobian Matrices of Mechanisms[C]// Proceedings of the 2007 IEEE International Conference on Mechatronics and Automation. Harbin, 2007.

[24] 赵景山，冯之敬，褚福磊. 机器人机构自由度分析理论[M]. 北京:科学出版社,2009:21－111,191－195.

[25] Tsai L W. Robot Analysis: the Mechanics of Serial and Parallel Manipulators[M]. New York: JOHN WILEY & SONS,INC, 1999: 250,399.

第 8 章　六自由度运动模拟平台结构参数优化

8.1　引　　言

Merlet[1]指出:“当机构的结构参数选择不太合适时,运动性能可能会很差”,从而在设计过程中需要进行优化[2]。很多关于 Gough-Stewart 平台的优化设计文献中只能得到一组优化参数。实际上机器人的设计不是一步就到位的,而是一个多步迭代的过程。世界上著名的机器人学者 Angeles 与 Park 在 2008 年 Springer 出版的 *Handbook of Robotics* [3]中把机器人的设计按顺序分为 6 步。机器人的构型确定后,Brogårdh[4],Briot 等人[5]把机器人的整个设计过程分为两步。首先需要根据工作空间、最大速度、最大加速度的要求,确定机器人中基本的几何尺寸[3-5]。对于六自由度运动模拟平台,构型已经确定,从而它的设计也可分为两步。其中设计过程第一步中需按照运动学的要求,确定上铰圆的半径、下铰圆的半径、上铰点的短边距离(或夹角)、下铰点的短边距离(或夹角)和中位高度(或中位长度)五个参数,即首先需依据运动学的要求进行结构参数的设计;然后根据出力、固有频率等的要求,设计得到整个六自由度运动模拟平台系统其余的参数,如动平台的具体结构尺寸、选用的液压缸形式与尺寸、选用的电液伺服阀型号、虎克铰的结构与尺寸等。

为了综合考虑运动性能和造价等的影响,最好能为设计者在设计过程第二步中提供多个备选方案,从而第一步结构参数的优化设计中需得到多组优化解。为了使优化设计结果能得到多组参数,Merlet 与他的同事考虑制造误差的影响[2,6],提出了一种利用区间分析对并联机器人进行设计的方法。他们运用此方法对并联机器人用作高精度定位系统、商业化并联机床、临床用微细结构等进行了设计[1-2,6],但他们的方法并没有应用于六自由度运动模拟平台的设计,且区间分析的计算量很大[7],与需要区间分析方面的专家才能有效地执行[8]。为了得到多组参数,很多学者把多目标进化算法应用于优化设计中,如:Mastinu 等人[9]利用多目标优化理论,对车辆工程中的一些结构进行了优化设计;Gao 等人[10]把灵巧度性能指标与刚度同时作为优化目标,对一台 Gough-Stewart 平台用作并联机床进行了优化设计;Altuzarra 等人[11]把多目标优化算法应用于一台四自由度并联机器人的设计中;Altuzarra 等人[12]把多目标优化算法应用于并联机器人的多目标优化设计中;Kelaiaia 等人[13]利用多目标进化算法 SPEA-Ⅱ对一台线性 Delta 并联机器人进行了优化设计。

虽然已经有很多学者对并联机器人的优化设计进行了研究(具体参考综述文献[6,8,14]),但是很少有人对 Gough-Stewart 平台的系统化优化设计方法进行研究[14]。由于

Gough-Stewart 平台用作六自由度运动模拟平台与其他应用领域的要求不一样，从而也需提出相应的系统化的结构参数优化设计方法。

本章内容以笔者博士期间发表的论文[15]为基础整理而成。

8.2　性能指标函数选择

在对六自由度运动模拟平台进行设计时，通常要求设计得到的六自由度运动模拟平台结构参数首先能满足各种给定的运动学要求，然后再满足各种动静态特性等的要求。为了能给设计者在设计过程第二步中提供多组备选优化方案，需在六自由度运动模拟平台的结构参数优化设计（即设计过程第一步）中能得到多组优化解，从而本章采用多目标进化算法同时对两个运动学性能指标函数进行搜索寻优得到多组优化解。这两个运动学性能指标函数的选择依据如下。

对 Gough-Stewart 平台进行优化设计时，很多学者提出了多个性能指标函数[6,8,16]。机器人优化设计中最常用的优化目标函数是基于运动学雅可比矩阵的可操作度和条件数[16-19]。通过多个基于运动学雅可比矩阵的可操作度和条件数值之间的比较，Merlet[16]发现：基于运动学传统雅可比矩阵 $\boldsymbol{J}$ 的条件数可以用作表示 Gough-Stewart 平台距离奇异远近的性能指标函数：条件数越大，距离奇异就越近；运动学传统雅可比矩阵 $\boldsymbol{J}$ 的行列式值与 Gough-Stewart 平台的最大定位误差相一致，即基于运动学传统雅可比矩阵 $\boldsymbol{J}$ 的可操作度值能间接表示最大定位误差。Merlet[16]通过测量得到一台 Gough-Stewart 平台样机在三个不同位姿下的最大定位误差和可操作度数值分别见表 8－1[16]。由表 8－1 中数值可得到：可操作度数值越小，最大定位误差越大。

马建明[20]对一台奇异的液压驱动六自由度运动模拟平台进行实验时，得到其由最低位向 Hunt 奇异位形运动过程中的基于运动学传统雅可比矩阵的条件数和液压缸所受到静态力的变化情况分别如图 8－1[20]和图 8－2[20]所示。图 8－2 中负值表示拉力，正值表示压力。由图 8－1 与图 8－2 分析得到：液压缸的最大出力越大时，基于运动学传统雅可比矩阵的条件数值也越大，即基于运动学传统雅克比矩阵的条件数值能间接表示液压缸的最大出力。

表 8－1　三个参考位姿处的可操作度与最大定位误差值[16]

参考位姿	可操作度值	沿 X 轴平移最大定位误差/cm	沿 Y 轴平移最大定位误差/cm	沿 Z 轴平移最大定位误差/cm	绕 X 轴转动最大定位误差/(°)	绕 Y 轴转动最大定位误差/(°)	绕 Z 轴转动最大定位误差/(°)
一	29.22	0.118 4	0.126 8	0.010 087	0.118 5	0.118 4	0.697
二	24.64	0.118 9	0.127 4	0.012 66	0.133 3	0.142 9	0.808
三	23.93	0.123	0.130 9	0.037 2	0.15	0.166 3	0.720 8

通过这一节的分析得到：基于运动学传统雅可比矩阵 $\boldsymbol{J}$ 的条件数不仅可以表示距离奇异

位姿的距离，还能间接表示作动器出力的大小；基于运动学传统雅可比矩阵 $\boldsymbol{J}$ 的可操作度能间接表示最大定位误差，从而基于运动学传统雅可比矩阵 $\boldsymbol{J}$ 的条件数和可操作度被选作六自由度运动模拟平台运动学优化设计的目标函数。

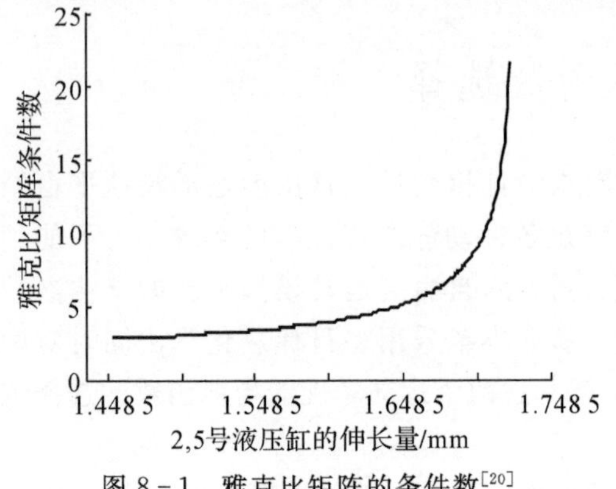

图 8-1　雅克比矩阵的条件数[20]

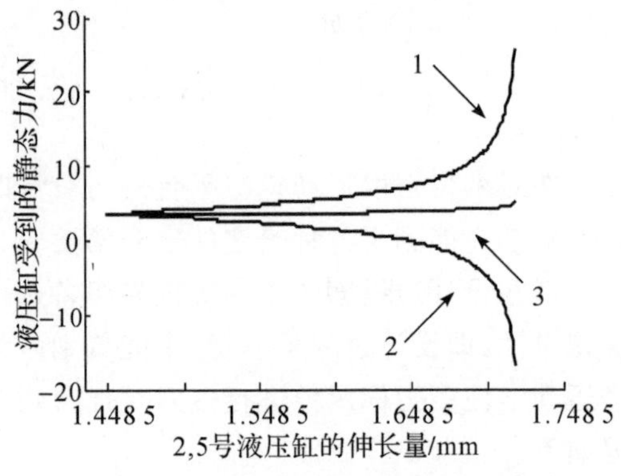

图 8-2　液压缸受到的静态力[20]

8.3　多目标进化算法 NSGA-Ⅱ

为了能在运动学优化设计后得到多组优化解，本章将在六自由度运动模拟平台进行优化设计过程中采用多目标进化算法中的经典算法 NSGA-Ⅱ(Nondominated Sorting Genetic Algorithm Ⅱ)，同时对上述两个目标函数进行寻优。

多目标优化问题与单目标优化问题本质是不同的：单目标优化问题能得到最优解，且通常是唯一确定的；对于多目标优化问题，由于各目标函数之间是冲突的，从而不能在同一时刻得到各个优化目标的最优解，而只能得到 Pareto 最优解[21-22]。为了便于理解，下面介绍一些多目标优化中重要术语的定义[23]。

考虑下面的最小化问题[23]

$$\begin{aligned} \min \quad & \{z_1 = f_1(\boldsymbol{x}), z_2 = f_2(\boldsymbol{x}), \cdots, z_m = f_m(\boldsymbol{x})\} \\ \text{s.t.} \quad & g_i(\boldsymbol{x}) \leqslant 0, \quad i = 1, \cdots, q \\ & h_j(\boldsymbol{x}) = 0, \quad j = q+1, \cdots, n_c \end{aligned} \tag{8-1}$$

式中　$\boldsymbol{x}$ ——决策矢量，即由决策变量构成的列矢量；

$f_1(\boldsymbol{x})$ ——第一个目标函数，下标表示序号，依此类推；

$g_i(\boldsymbol{x})$ ——第 i 个不等式约束函数；

$h_j(\boldsymbol{x})$ ——第 j 个等式约束函数；

m ——目标函数的个数；

q ——不等式约束的个数；

n_c ——总约束的个数。

首先给出“Pareto 占优”的定义[23]：对于多目标最小化寻优的问题，在目标函数空间，“点 i

优于点 j ”需要满足下面的条件：

$$\left.\begin{array}{l} z_l^i \leqslant z_l^j, \forall l \in \{1,2,\cdots,m\} \\ z_k^i < z_k^j, \exists k \in \{1,2,\cdots,m\} \end{array}\right\} \tag{8-2}$$

式中　z_l^i——点 i 处的第 l 个目标函数值。

“Pareto 最优解”的定义[23]：对于多目标最小化寻优的问题，在目标函数空间中，假设对于某点若没有任何其他点 Pareto 占优于这一点，此点就是 Pareto 最优解。

“Pareto 最优解集”的定义[23]：所有 Pareto 最优解组成的集合，就组成了 Pareto 最优解集。

NSGA-Ⅱ是 Deb 等人提出的多目标进化算法[24]，它是目前多目标进化算法中最好的方法之一，也是非常经典的算法之一[22]，因此本章采用 NSGA-Ⅱ来进行寻优。由于 Deb 等人提出的模拟二进制交配法(simulated binary crossover operator)[25]与多项式变异操作(polynomial mutation)[26]具有把变量限制于有限值范围内与无穷大范围内的两种表达式，从而能分别适用于无约束和有约束的寻优搜索问题，所以本章中变异操作采用模拟二进制交配法，交叉操作采用多项式变异操作。锦标赛选择方法只需要对少数个体进行比较，从而搜索速度快，所以本章把其作为选择操作的方式。对于有约束的优化问题，一般采用惩罚函数的方法对约束进行处理，但惩罚函数方法中的系数很难确定[27]。由于 Deb 提出的约束处理方法[27]不采用惩罚函数，不需要确定任何参数，从而执行方便，所以本章采用 Deb 提出的约束处理方法[27]来处理有约束的寻优搜索问题。本章采用的 NSGA-Ⅱ是带精英保留策略的进化算法，它的具体运算流程图如图 8-3 所示，详细原理请参考 Deb 等人的原文献[24]。图中 N 表示种群数量的个数。

8.4　结构参数优化

为了解决上面三种类型的设计问题，本章相应地提出了三种系统化结构参数优化设计算法。

8.4.1　设计问题分类

在六自由度运动模拟平台的运动学优化设计(即设计过程第一步)中，设计得到的结构参数必须能满足用户对运行工况的要求或作动器长度极限的限制，此时设计时不需要考虑虎克铰轴线布置的影响，所以本章不考虑虎克铰轴线的影响，从而本章所提出的系统化结构参数优化设计算法不仅适用于 6-UCU 并联机器人，还适用于 Gough-Stewart 平台其他结构形式的并联机器人。

在本章中，根据研究所以前所遇到的工程项目设计需求，把六自由度运动模拟平台的设计问题分为下面三类。

类型 1：在给定作动器长度(指上、下虎克铰中心点间的长度)最短值与最长值的限制条件下，设计一台具有灵活工作空间(即在可达工作空间内不存在奇异位姿)的六自由度运动模拟平台。此时需要在设计过程第一步中利用系统化结构参数优化设计算法得到多个可行性备选方案，然后在设计过程第二步中利用高级的决策选择一组最终的参数。

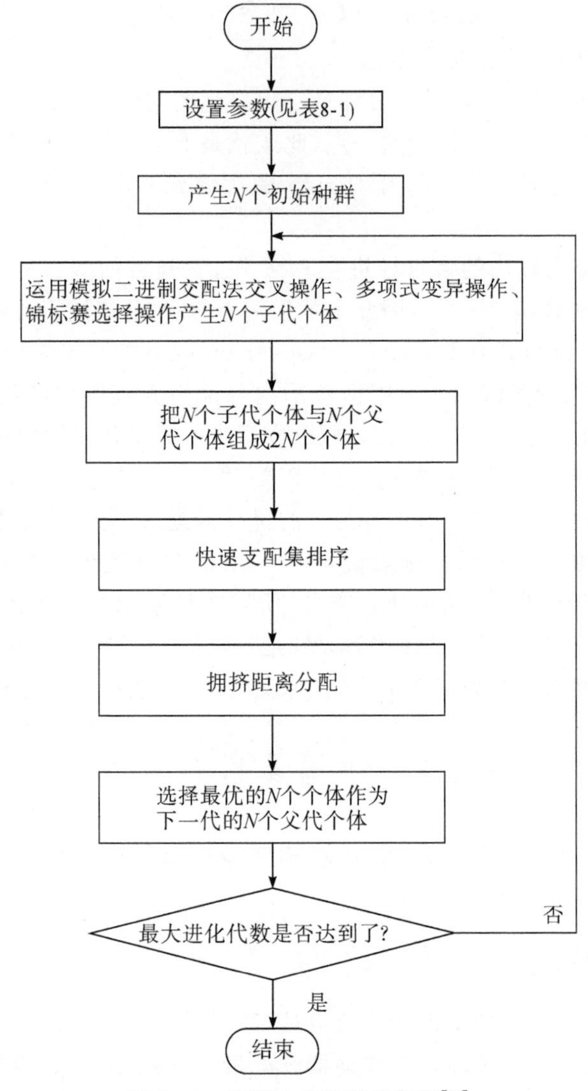

图 8-3　NSGA-Ⅱ运行流程图[24]

类型 2：只需满足用户的运行工况要求，设计一台六自由度运动模拟平台。此时只需设计得到的结构参数满足在给定的运行工况下不存在奇异位姿，而在可达工作空间内其他位置处可存在奇异位姿。此时同样需要在设计过程第一步中利用系统化结构参数优化设计算法得到多个可行性备选方案，然后在设计过程第二步中利用高级的决策选择一组最终的参数。

类型 3：在满足用户给定运行工况要求的前提下，设计一台具有灵活工作空间(即在可达工作空间内不存在奇异位姿)的六自由度运动模拟平台。此时同样需要在设计过程第一步中利用系统化结构参数优化设计算法得到多个可行性备选方案，然后在设计过程第二步中利用高级的决策选择一组最终的参数。

8.4.2　类型 1 的结构参数优化算法

由于刚开始设计时不需考虑虎克铰轴线方向布置的影响，从而只需考虑六自由度运动模拟平台在可达工作空间内不存在驱动奇异。由于 6 个支路中作动器最短长度和最长长度值的 64 种组合极限位姿在很大程度上代表了并联机器人整个工作空间上的特性[28]，从而工程中设计具有灵活工作空间的六自由度运动模拟平台时一般先只考虑 64 种极限位姿的函数值[29-32]。为了减小计算量，同时把最有可能奇异的位姿考虑进去，本章也只考虑 64 种极限位姿的函数值。

针对六自由度运动模拟平台的设计问题类型 1，提出相应的系统化结构参数优化设计算法步骤如下：

步骤 1　设计一个子程序，用来计算 64 种极限位姿下基于运动学传统雅克比矩阵的可操作度 $w(\boldsymbol{J})$ 与条件数 $\mathrm{cond}(\boldsymbol{J})$ 的值，分别利用式(7－1)和式(7－3)计算。

步骤 2　设定 $\mathrm{max\_cond}(\boldsymbol{J})$ 为步骤 1 中计算得到 64 种极限位姿下 $\mathrm{cond}(\boldsymbol{J})$ 的最大值，$\mathrm{min\_}w(\boldsymbol{J})$ 为步骤 1 中计算得到 64 种极限位姿下 $w(\boldsymbol{J})$ 的最小值。

步骤 3　设定多目标优化问题为同时最小化目标函数 $\boldsymbol{f}_{\mathrm{multi}}=[f_1\quad f_2]$，其中 $f_1=-\mathrm{min\_}w(\boldsymbol{J})$，$f_2=\mathrm{max\_cond}(\boldsymbol{J})$。我们把两个目标函数设置为 $f_1=-\mathrm{min\_}w(J)$，$f_2=\mathrm{max\_cond}(J)$ 的依据为："由前面 8.2 节中的分析结果得到：基于运动学传统雅克比矩阵 $\boldsymbol{J}$ 的条件数可以用作表示 Gough-Stewart 平台距离奇异远近的性能指标函数：条件数越大，距离奇异就越近[16]；基于运动学传统雅克比矩阵 $\boldsymbol{J}$ 的条件数也可以间接表示 Gough-Stewart 平台作动器出力的大小：条件数越大，作动器的出力也越大；运动学传统雅克比矩阵 $\boldsymbol{J}$ 的行列式值与 Gough-Stewart 平台的最大定位误差相一致：可操作度数值越小，最大定位误差越大。"

步骤 4　运用图 8－3 中的 NGSA－Ⅱ进化算法运算流程去寻优搜索得到 Pareto 最优解集(结构参数优化设计步骤到此结束)。

步骤 5　为了得到最终唯一的一组优化解，在设计过程第二步中，使用较高的决策(如功率小、作动器出力小、系统固有频率高等性能指标函数)选择一组最终的优化参数。

8.4.2　类型 2 的结构参数优化算法

对于液压驱动六自由度运动模拟平台，有时如果在可达工作空间内要求不存在驱动奇异位姿，则不可能设计出满足用户要求的运动工况的结构参数[20]。在这种情况下，可设计在可达工作空间内存在驱动奇异位姿，而在运行工况内不存在驱动奇异位姿的结构参数，此时可利用液压装置、看门狗等其他硬件装置和软件程度实现来保护误入奇异区的操作[20]。

针对六自由度运动模拟平台的设计问题类型 2，提出相应的系统化结构参数优化设计算法的步骤如下。

步骤 1　用户一般给定 6 个自由度的正弦运动的最大运动能力要求，此时先需要把用户的要求转换为 12 种典型工况，具体转换方法如下[29]；

用户给定 6 个自由度的最大运动能力一般为：给定动平台上控制点处的最大线(角)位移，最大线(角)速度，最大线(角)加速度等指标[31]。根据这些指标确定平台的参考运动方式，作为模拟器设计和仿真的依据和参考[31]。假设用户给定的正弦运动最大(角)位移为：沿 X,Y,Z 轴平移的位移值分别为 Tr_X ，Tr_Y ，Tr_Z ；绕 X,Y,Z 轴转动的角度值分别为 Ro_X ，Ro_Y ，Ro_Z 。假设用户给定的正弦运动最大(角)速度为：沿 X,Y,Z 轴平移的速度值分别为 Tv_X ，Tv_Y ，Tv_Z ；绕 X,Y,Z 轴转动的角速度值分别为 Rv_X ，Rv_Y ，Rv_Z 。假设用户给定的正弦运动最大(角)加速度为：沿 X,Y,Z 轴平移的加速度值分别为 Ta_X ，Ta_Y ，Ta_Z ；绕 X,Y,Z 轴转动的角加速度值分别为 Ra_X ，Ra_Y ，Ra_Z 。

常用的参考运动方式有：使动平台上控制点处线(角)位移和线(角)速度同时达到最大、使动平台上控制点处线(角)速度和线(角)加速度同时达到最大[29,31]。由于每个单个自由度下需要计算两种运动工况，从而六个自由度需要计算 12 种运动工况。现在以沿 X 轴平移为例来进行说明[29]

(1)使沿 X 轴平移位移和线速度同时达到最大，此时动平台上控制点 O_L 的位移工况为

$$S_X(t) = Tr_X \sin\left(\frac{Tv_X}{Tr_X}t\right)$$

式中　$S_X(t)$ ——动平台上控制点 O_L 处的位移工况；

t ——运行时间，且 t 的取值以一个小的增量从 0 增加到一个正弦周期 $\frac{2\pi Tr_X}{Tv_X}$ [29]。

(2)使沿 X 轴平移线速度和线加速度同时达到最大，此时控制点 O_L 的位移工况为

$$S_X(t) = \frac{(Tv_X)^2}{Ta_X}\sin\left(\frac{Ta_X}{Tv_X}t\right)$$

式中　$S_X(t)$ ——动平台上控制点 O_L 处的位移工况；

t ——运行时间，且 t 的取值以一个小的增量从 0 增加到一个正弦周期 $\frac{2\pi Tv_X}{Ta_X}$ [29]。

步骤 2　设计一个子程序，用来计算 12 种典型工况下基于运动学传统雅克比矩阵的可操作度 $w(\boldsymbol{J})$ 与条件数 $\mathrm{cond}(\boldsymbol{J})$ 值，分别利用式(7-1)和式(7-3)进行计算；

步骤 3　设定 $\mathrm{max\_cond}(\boldsymbol{J})$ 为步骤 2 中计算得到 12 种典型工况下 $\mathrm{cond}(\boldsymbol{J})$ 的最大值，$\mathrm{min\_}w(\boldsymbol{J})$ 为步骤 2 中计算得到 12 种典型工况下 $w(\boldsymbol{J})$ 的最小值；

步骤 4　设定多目标优化问题为同时最小化目标函数 $f_{\mathrm{multi}} = [f_1 \quad f_2]$，其中 $f_1 = -\mathrm{min\_}w(\boldsymbol{J})$ ，$f_2 = \mathrm{max\_cond}(\boldsymbol{J})$ ；把两个目标函数设置为 $f_1 = -\mathrm{min\_}w(\boldsymbol{J})$ ，$f_2 = \mathrm{max\_cond}(\boldsymbol{J})$ 的依据同设计问题类型 1。

步骤 5　运用图 8-3 中的 NGSA-Ⅱ进化算法运算流程去寻优搜索得到 Pareto 最优解集

(结构参数优化设计步骤到此结束)；

步骤 6　为了得到最终唯一的一组优化解，在设计过程第二步中，使用较高的决策(如功率小、作动器出力小、系统固有频率高等指标函数)选择一组最终的优化参数。

8.4.3　类型 3 的结构参数优化算法

对于六自由度运动模拟平台设计问题类型 3(如设计飞行模拟器平台)，此时在设计过程中要保证在可达工作空间内不存在奇异位姿，且同时应满足用户给定的运行工况要求。针对这类设计问题，提出相应的系统化结构参数优化设计算法的步骤如下：

步骤 1　用户一般给定 6 个自由度的最大运动能力要求，此时先需要把用户的要求转换为 12 种典型工况，具体转换方法与类型 2 算法步骤 1 中的一样；

步骤 2　设计一个子程序，用来计算得到 12 种典型工况下基于运动学反解后 6 个支路中作动器的最短长度和最长长度值；

步骤 3　设计一个子程序，用来计算得到由步骤 2 中得到的作动器最短长度和最长长度值所构成的 64 种极限位姿下基于运动学传统雅克比矩阵的可操作度 $w(\boldsymbol{J})$ 与条件数 $\mathrm{cond}(\boldsymbol{J})$ 的值，具体计算分别采用式(7－1)和式(7－3)；

步骤 4　设定 $\mathrm{max\_cond}(\boldsymbol{J})$ 为步骤 3 中计算得到 64 种极限位姿下 $\mathrm{cond}(\boldsymbol{J})$ 的最大值，$\mathrm{min\_}w(\boldsymbol{J})$ 为步骤 3 中计算得到 64 种极限位姿下 $w(\boldsymbol{J})$ 的最小值；

步骤 5　设定多目标优化问题为同时最小化目标函数 $f_{\mathrm{multi}} = [f_1 \quad f_2]$，其中 $f_1 = -\mathrm{min\_}w(\boldsymbol{J})$，$f_2 = \mathrm{max\_cond}(\boldsymbol{J})$；目标函数的设定依据同类型 1 与类型 2。

步骤 6　运用图 8－3 中的 NGSA-Ⅱ进化算法运算流程去寻优搜索得到 Pareto 最优解集(结构参数优化设计步骤到此结束)；

步骤 7　为了得到最终唯一的一组优化解，在设计过程第二步中，使用较高的决策(如功率小、作动器出力小、系统固有频率高等指标函数)选择一组最终的优化参数。

8.5　设计实例分析

下面通过一些设计实例来验证本章所提出的系统化结构参数优化设计算法的可行性。

8.5.1　类型 1 的实例分析

本节以第 5 章中的液压驱动六自由度运动模拟平台作为设计实例。由 5.4.2 节中的分析结果可知，此六自由度运动模拟平台在可达工作空间内存在驱动奇异。现假设在液压缸最短长度、最长长度值不变的条件下，重新设计得到新的结构参数，使其在可达工作空间内不存在驱动奇异位姿，即设计具有灵活工作空间的新结构参数。

选择设计参数变量为：上铰点短边距离 d_P、下铰点短边距离 d_B、上铰圆半径 r_P、下铰圆半径 r_B。综合考虑各种因素的影响，假设各个参数的取值(取值范围)如下：

${}^L\boldsymbol{w} = [0 \quad 0 \quad -0.2838]^{\mathrm{T}}(\mathrm{m})$；$0.56(\mathrm{m}) \leqslant r_B \leqslant 1.5(\mathrm{m})$；$0.56(\mathrm{m}) \leqslant r_P \leqslant 1.5(\mathrm{m})$；

$r_P \leqslant r_B$ ；0.26(m)$\leqslant d_B \leqslant r_B$ ；0.2(m)$\leqslant d_P \leqslant r_P$ ；$l_{\min} = 1.440(\mathrm{m})$ ，$l_{\max} = 2.2200(\mathrm{m})$ ；$l_0 = \dfrac{l_{\max} + l_{\min}}{2} = 1.83(\mathrm{m})$ 。式中，l_0 为中位时液压缸长度值。

由设计要求可知，该例属于设计问题类型 1，从而采用 8.5.1 节的设计算法进行优化设计。NGSA-Ⅱ的参数设置见表 8-2。

表 8-2　NSGA-Ⅱ参数

最大进化代数	种群数量 N	交叉率	变异率	锦标赛选择规模	变异分布指数	交叉分布指数
300	50	0.9	0.1	2	20	20

由于不需要把多目标问题转换为单个目标来进行优化，从而分析过程和循环时间都大大地减少了[10]。优化后得到的 50 组 Pareto 优化解集如图 8-4 所示。图中 $f_1 = -\min\_w(\boldsymbol{J})$ ，$f_2 = \max\_\mathrm{cond}(\boldsymbol{J})$ ，它们的具体含义见 8.5.1 节。

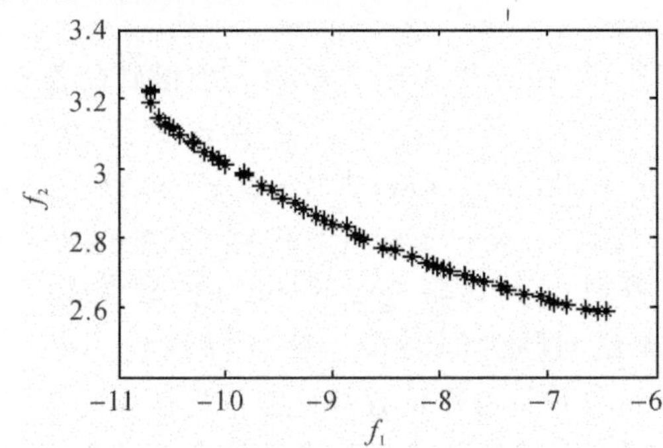

图 8-4　实例 1 的 Pareto 最优解集

通过运动学优化设计得到了 50 组 Pareto 优化解，从而验证了本节所提出的相应优化算法能得到多组优化解。为了得到最终的一组参数，在设计过程第二步中需利用较高的决策选择一组最终的优化参数。由于此例只假设需要在可达工作空间内不存在奇异，此时利用一个全局准则方法(global criterion method)来选择最终的优化参数，具体步骤如下[33]。

步骤 1　在目标函数空间中，把得到的 50 组 Pareto 优化解中各项目标函数值分别除以 $(\max\_f_i - \min\_f_i)(i = 1,2)$ 规范量化为区间[0 1]之间的值，其中 $\max\_f_i$ 表示 50 组 Pareto 优化解中第 i 个目标函数值的最大值，$\min\_f_i$ 表示 50 组 Pareto 优化解中第 i 个目标函数值的最小值；

步骤 2　在目标函数空间中，计算各个规范量化后的值到点(0,0)的距离；

步骤 3　选择由步骤 2 中得到距离最小的那组参数作为最终的优化解。

选择的最终参数见表 8-3。

表 8-3　实例 1 最终选择的优化解

上铰点短边距离/m	下铰点短边距离/m	上铰圆半径/m	下铰圆半径/m	f_1	f_2	规范化后到零点的距离
0.2535	0.3667	1.3948	1.5000	−9.00	2.84	0.5673

为了验证表 8－3 中所得到的最终参数的六自由度运动模拟平台在整个可达工作空间内不存在驱动奇异位姿，采用 5.3.3 节的“可达工作空间内进行驱动奇异检测算法”来进行驱动奇异检测。本节驱动奇异检测算法也是用 Matlab2011a 的 m 语言在 Windows XP 系统中编程实现的。运算用的计算机 CPU 同样采用 2.66GHz 的 Intel(R) Xeon(TM)。采用进化策略的参数设置见表 5－1。运行 2 000 次后，搜索得到 det($\boldsymbol{J}$) 的最小值为 11.3(搜索结果与运算代数如图 8－5 所示)，总共运算时间为 143.1s。同样运行 2 000 次后，搜索得到 －det($\boldsymbol{J}$) 的最小值为－15.43(搜索结果与运算代数如图 8－5 所示)，总共运算时间为 140.6s。即在可达工作空间内 det($\boldsymbol{J}$) 的最小值和最大值分别为 11.3，15.43。由于两极值同号，从而根据连续性原理得到：在可达工作空间内，此新结构参数的液压驱动六自由度运动模拟平台不存在驱动奇异位姿。由于设计问题类型 1 的系统化结构参数优化设计目标是设计一个具有灵活工作空间的结构，又由于在可达工作空间内通过驱动奇异检测得到此结构参数在可达工作空间内不存在驱动奇异位姿，从而验证了本节所得到的结构参数满足用户对工作空间的要求，进一步验证了本章所提出的设计问题类型 1 的系统化优化设计算法的可行性与有效性。

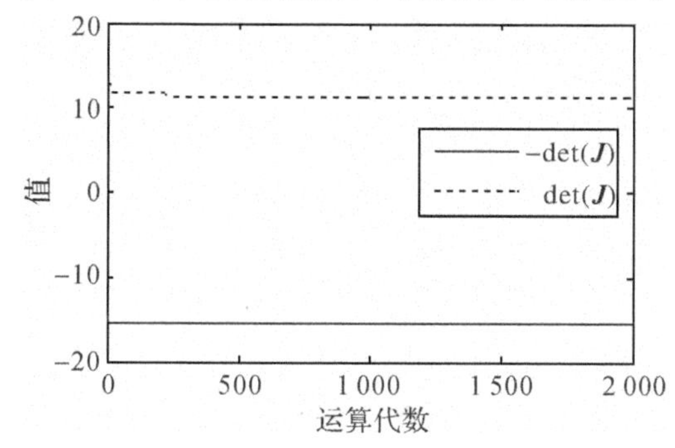

图 8－5 液压驱动六自由度运动模拟平台在可达工作空间内搜索结果

8.5.2 类型 2 的实例分析

本节中，也利用一个设计实例来验证本章针对六自由度运动模拟平台的设计问题类型 2 所提出的系统化结构参数优化设计算法的可行性。假设用户要求设计一台液压驱动六自由度运动模拟平台。假设负载为 10 000kg，并假设用户具体的运动要求见表 8－4。

表 8－4 用户的要求

自由度	滚转(Roll)	俯仰(Pitch)	偏航(Yaw)	纵向波动(Surge)	侧向摆动(Sway)	升降(Heave)
位移(单自由度)	±25°	±25°	±30°	±1m	±1m	±0.8m
速度	±20°/s	±20°/s	±20°/s	±0.7m/s	±0.7m/s	±0.6m/s
加速度	±210°/s^2	±210°/s^2	±210°/s^2	±10m/s^2	±10m/s^2	±10m/s^2

选择设计参数变量为：上铰点短边距离 d_P、下铰点短边距离 d_B、上铰圆半径 r_P、下铰圆

半径 r_B 、中位高度 H_0（指在中位时，上铰点平面到下铰点平面的距离）。综合考虑各种因素的影响，假设各个参数的取值（或取值范围）如下：

$^L\boldsymbol{w} = [0 \quad 0 \quad -0.45]^T$(m)；1.2(m)$\leqslant r_B \leqslant$3.0(m)；1.0(m)$\leqslant r_P \leqslant$3.0(m)；

$r_P \leqslant r_B$；1.0(m)$\leqslant H_0 \leqslant$3.5(m)；0.35(m)$\leqslant d_B \leqslant r_B$；0.26(m)$\leqslant d_P \leqslant r_P$。

由设计要求可得，这例子属于设计问题类型 2，从而采用 8.5.2 节的设计算法进行优化设计。NGSA-Ⅱ的参数设置同样采用表 8-2 中的参数。优化后得到的 50 组 Pareto 优化解集如图 8-6 所示。图中 $f_1 = -\min\_w(\boldsymbol{J})$，$f_2 = \max\_cond(\boldsymbol{J})$，具体含义见 8.5.2 节中的定义。

当 50 组 Pareto 优化解得到后需要利用较高的决策选择一组最终的优化参数。此例采用功率最小作为较高的决策依据来选择最终的优化参数。功率大小的计算采用下面的式子：

$$P_{owi} = \dot{l}_i \tau_i \tag{8-3}$$

式中 P_{owi} ——支路 i 的瞬时功率。

最终优化解的选择步骤如下：

步骤 1　对 50 组 Pareto 优化解中的每一组解，首先利用式(8-3)计算支路 i 的瞬时功率。此时计算活塞杆的出力 τ_i 只考虑动平台与负载的影响，而不考虑支路中作动器质量与惯量的影响；

步骤 2　计算 50 组 Pareto 优化解中的每一组解在 12 种典型工况下 6 个支路瞬时功率的最大值。50 组 Pareto 优化解的瞬时功率最大值如图 8-7 所示；

步骤 3　选择由步骤 2 中得到的最大功率值最小的那组参数作为最终的优化解。

选择的最优参数见表 8-5。

表 8-5　实例 2 最终选择的优化解

上铰圆短边距离/m	下铰圆短边距离/m	上铰圆半径/m	下铰圆半径/m	中位高度/m	f_1	f_2	$l_{\min}$/m	$l_{\max}$/m	支路最大功率/W
0.279 2	0.354 0	1.656 0	2.980 3	2.652 5	−21.62	2.76	2.975 6	4.271 7	23 970

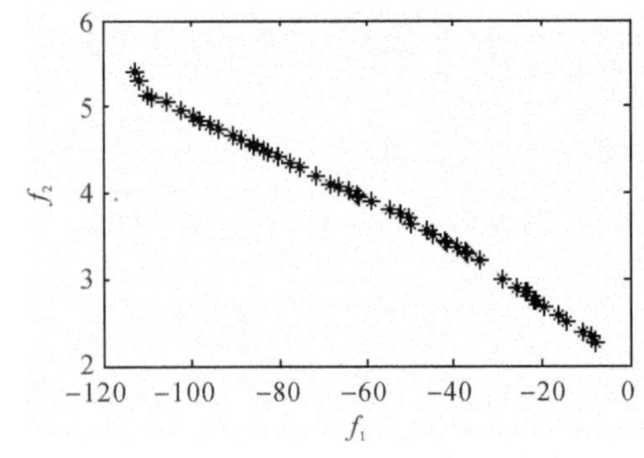

图 8-6　实例 2 的 Pareto 最优解集

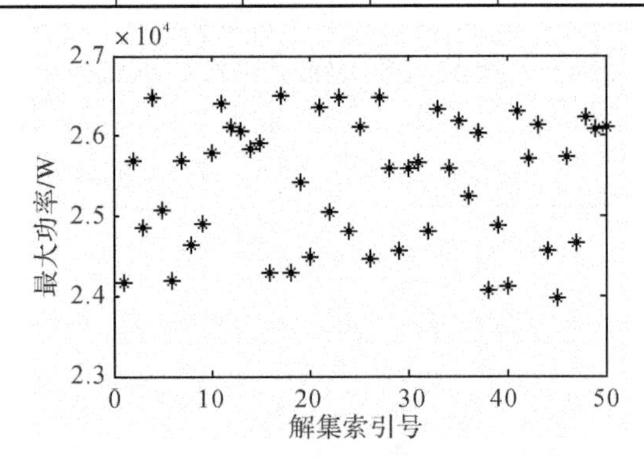

图 8-7　Pareto 最优解集的最大功率

为了验证表 8-5 中所得到的最终参数的六自由度运动模拟平台的工作空间能满足用户

的要求，现求取 6 个单自由度的运动范围。求取单个自由度运动范围的方法为：先把其他五个自由度的值设为 0，然后以一个很小的增量（转动的角度增量设为 0.05°，平移的运动增量设为 0.005m）从 0 增加到使反解运算得到 6 个作动器的长度极值已经达到表 8-5 中的作动器最短长度或最长长度值，此时停止搜索，并把此值作为这个单自由度的正向极值；同样先把其他五个自由度的值设为 0，然后以一个小的增量（转动的角度增量为－0.05°，平移的运动增量为－0.005m）从 0 减小到使反解运算得到 6 个作动器的长度极值已经达到表 8-5 中的作动器最短长度或最长长度值，此时停止搜索，并把此值作为这个单自由度的负向极值。通过这种方法得到六个单自由度的运动范围见表 8-6。

表 8-6　各个单自由度的运动范围极值

		六个单自由度					
		滚转/(°)	俯仰/(°)	偏航/(°)	纵向波动/m	侧向摆动/m	升降/m
单个自由度运动范围极值	正向	30.00	31.10	35.85	1.105	1.000	0.920
	负向	－30.00	－39.45	－35.85	－1.105	－1.000	－0.830

通过表 8-6 中得到的运动范围极值与表 8-4 中用户要求的运动范围极值对照得到：优化后得到结构参数的六自由度运动模拟平台的单个自由度的运动范围能满足用户对平台最大线（角）位移的要求。从而验证了本节所得到的结构参数满足用户对工作空间的要求，进一步验证了本章所提出的设计问题类型 2 的系统化优化设计算法的可行性与有效性。

8.5.3　类型 3 的实例分析

本节中，为了验证本章针对六自由度运动模拟平台的设计问题类型 3 所提出的系统化运动学设计算法的可行性，采用 8.6.2 节中的实例，但与 8.6.2 节中要求不同的是增加了一个条件——需要设计具有灵活工作空间的六自由度运动模拟平台。

选择设计参数变量同样为：上铰点短边距离 d_P 、下铰点短边距离 d_B 、上铰圆半径 r_P 、下铰圆半径 r_B 、中位高度 H_0（指在中位时，上铰点平面到下铰点平面的距离）。根据各种因素的影响，假设各个参数的取值（或取值范围）如下（为了与实例 2 中区别开来，设置参数值的大小范围与实例 2 中有一点不同）：

${}^{L}\boldsymbol{w} = [0 \quad 0 \quad -0.45]^{\mathrm{T}}(\mathrm{m})$ ；$0.75(\mathrm{m}) \leqslant r_B \leqslant 3.0(\mathrm{m})$ ；$0.75(\mathrm{m}) \leqslant r_P \leqslant 1.8(\mathrm{m})$ ；$r_P \leqslant r_B$ ；$1.0(\mathrm{m}) \leqslant H_0 \leqslant 3.5(\mathrm{m})$ ；$0.35(\mathrm{m}) \leqslant d_B \leqslant r_B$ ；$0.26(\mathrm{m}) \leqslant d_P \leqslant r_P$ 。

由设计要求可得，这例子属于设计问题类型 3，从而采用 8.5.3 节的设计算法进行优化设计。除 NGSA-Ⅱ的最大进化代数设置为 1 000 外，NGSA-Ⅱ的其他参数采用表 8-2 中的设置。优化后得到的 50 组 Pareto 优化解集如图 8-8 所示。图中 $f_1 = -\mathrm{min\_}w(\boldsymbol{J})$ ，$f_2 = \mathrm{max\_cond}(\boldsymbol{J})$ ，它们的具体含义见 8.5.3 节中的定义。

在 50 组 Pareto 优化解得到后，需要利用较高的决策选择 1 组最终的优化参数。此例假设需要各个支路中作动器的动态一致性比较好，从而采用第 4 章中建立的基于铰点空间中广

义惯量矩阵 $\boldsymbol{M}_g$ 的条件数性能指标函数来选择最终的参数。具体计算步骤如下。

步骤 1　对于 50 组 Pareto 优化解中的每一组解，首先利用式(7-36)计算基于铰点空间中的广义惯量矩阵 $\boldsymbol{M}_g$ 的条件数性能指标函数瞬时值。其中计算广义惯量矩阵 $\boldsymbol{M}_g$ 时只考虑动平台与负载的影响，而不考虑支路中作动器的质量与惯量的影响。

步骤 2　计算得到 50 组 Pareto 优化解中的每一组解在 12 种典型工况下基于铰点空间中广义惯量矩阵 $\boldsymbol{M}_g$ 的条件数性能指标函数的最大值，50 组 Pareto 优化解在 12 种典型工况下的最大值如图 8-9 所示。

步骤 3　选择由步骤 2 中得到最大值中最小的那组参数作为最终的优化解。

选择的最优参数见表 8-7。

为了验证表 8-7 中所得到最终参数的六自由度运动模拟平台的工作空间能满足用户的要求，现求取六个单自由度的运动范围。求取单个自由度运动范围的方法与设计问题类型 2 实例中采用的方法一样。通过这种方法得到六个单自由度的运动范围见表 8-8。

由表 8-8 中得到的结果与表 8-6 中用户的要求对照得到：优化结构参数后的六自由度运动模拟平台的单个自由度运动范围能满足用户对平台最大线(角)位移的要求。

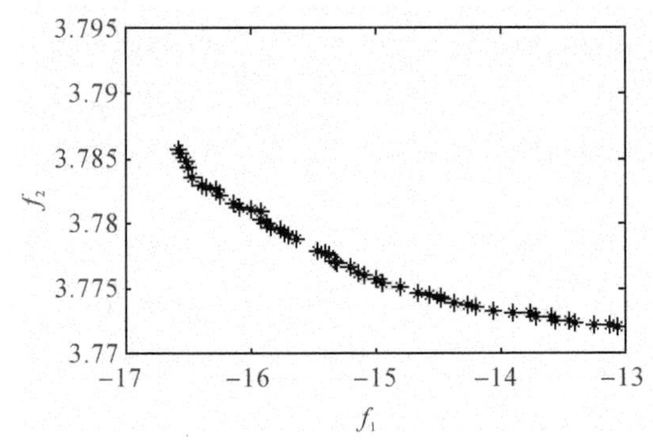

图 8-8　实例 3 的 Pareto 最优解集

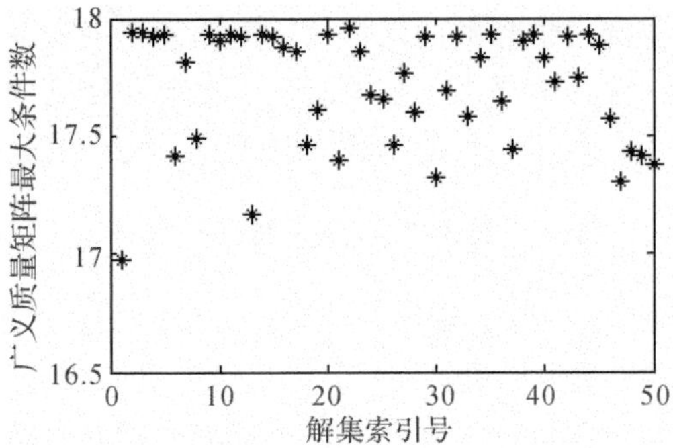

图 8-9　Pareto 最优解集的基于广义质量矩阵条件数最大值

表 8-7　实例 3 最终选择的优化解

上铰点短边距离/m	下铰点短边距离/m	上铰圆半径/m	下铰圆半径/m	中位高度/m	f_1	f_2	l_{min}/m	l_{max}/m	基于广义质量阵的条件数
0.260 0	0.350 0	1.800 0	2.417 5	2.547 5	−16.57	3.76	2.597 2	3.862 9	16.976 8

表 8-8　各个单自由度的运动范围极值

		六个单自由度					
		滚转/(°)	俯仰/(°)	偏航/(°)	纵向波动/m	侧向摆动/m	升降/m
单个自由度运动范围极值	正向	25.30	25.00	34.00	1.015	1.000	0.805
	负向	−25.30	−26.25	−34.00	−1.190	−1.000	−0.800

为了验证表 8-8 得到最终参数的六自由度运动模拟平台在整个可达工作空间内不存在

驱动奇异位姿，采用 5.3.3 节的"可达工作空间内进行驱动奇异检测算法"来进行驱动奇异检测。本节驱动奇异检测算法也是利用 Matlab2011a 的 m 语言在 Windows XP 系统中编程实现的。运算用的计算机 CPU 同样采用 2.66GHz 的 Intel(R) Xeon(TM)。采用进化策略的参数设置见表 5-1。运行 2 000 次后，搜索得到 det($\boldsymbol{J}$) 的最小值为 24.8(搜索结果与运算代数如图 8-10 所示)，总共运算时间为 145.641s。同样运行 2 000 次后，搜索得到 $-$det($\boldsymbol{J}$) 的最小值为$-$37.92(搜索结果与运算代数如图 8-10 所示)，总共运算时间为 142.234s。即在可达工作空间内 det($\boldsymbol{J}$) 的最小值和最大值分别为 24.8，37.92。由于两极值同号，从而根据连续性原理得到：在可达工作空间内，此结构参数的液压驱动六自由度运动模拟平台不存在驱动奇异位姿。

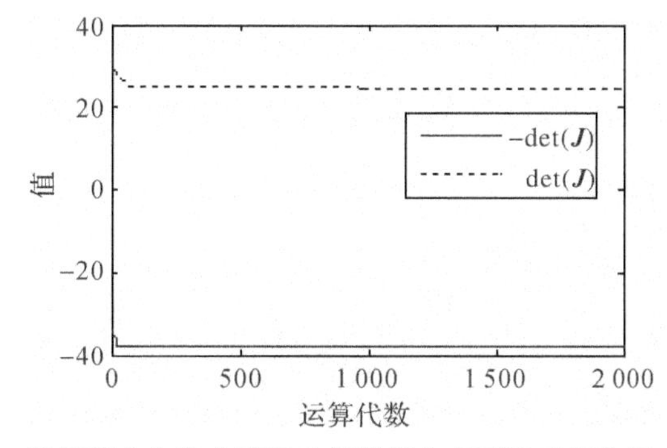

图 8-10　液压驱动六自由度运动模拟平台在可达工作空间内搜索结果

设计问题类型 3 的系统化结构参数优化设计目标是：在满足用户运行工况的情况下，设计得到一个具有灵活工作空间的六自由度运动模拟平台。由于前面分析得到"优化结构参数后的六自由度运动模拟平台的单个自由度运动范围能满足用户对平台最大线(角)位移的要求"与"此结构参数在可达工作空间内不存在驱动奇异位姿"，从而验证了本节所得到的结构参数能满足用户对工作空间的要求，进一步验证了本章所提出的设计问题类型 3 的系统化优化设计算法的可行性与有效性。

在 50 组 Pareto 优化解得到后需要利用高级的决策选择一组最终的优化参数，为了示例，本章利用三种策略来选择最终的优化参数，也可以利用频率高、结构紧凑、出力小和速度小等作为设计过程第二步中的目标函数来选择最终的优化参数。高级决策目标函数的选择主要是依据设计者对整个六自由度模拟平台系统的需求来决定的。

8.6　本章小结

六自由度运动模拟平台的设计可以分为两步，其中第一步设计过程中需依据运动学的要求进行运动学设计以满足用户对工作空间的需求。为了能为设计者提供系统化的设计算法，本章对六自由度运动模拟平台的系统化结构参数优化设计问题进行了研究。根据用户不同的需求，把六自由度运动模拟平台的设计问题分为了 3 类，并提出了相应的 3 种系统化结构参数优化设计算法。由于"基于运动学传统雅可比矩阵 $\boldsymbol{J}$ 的条件数不仅可以表示距离奇异位姿的距离，还能间接表示作动器出力的大小；基于运动学传统雅可比矩阵 $\boldsymbol{J}$ 的可操作度能间接表示最大定位误差"，从而基于运动学传统雅可比矩阵 $\boldsymbol{J}$ 的条件数和可操作度被选作六自由度运动模拟平台运动学优化设计的目标函数。应用多目标进化算法 NSGA-Ⅱ同时对这两个目标函数进行优化，寻优结果能得到多组优化解，从而能为设计者在设计过程第二步中提供多个备选方案。最后通过 3 个优化设计实例的分析验证了本章所提出的六自由度运动模拟平台系统化结构参数优化设计算法的可行性与有效性，且优化结果能够搜索得到多组优化解。为了在设计过程第二步中能得到一组最终的优化解，三个高级决策目标函数被应用于 3 个实例的设计中。

参考文献

[1] Merlet J P. Optimal Design of Robots[C]// Proceedings of Robotics: Science and Systems. Cambridge 2005.

[2] Hao F, Merlet J P. Multi-criteria Optimal Design of Parallel Manipulators Based on Interval Analysis[J]. Mechanism and Machine Theory, 2005, 40(2): 157-171.

[3] Angeles J, Park C F. Performance Evaluation and Design Criteria[M]//Handbook of Robotics. Berlin - Heidelberg: Springer, 2008: 229 - 244.

[4] Brogårdh T. Robot Control Overview: An Industrial Perspective[J]. Modeling, Identification and Control. 2009, 30(3): 167-180.

[5] Briot S, Pashkevich A, Chablat D. Technology-Oriented Optimization of the Secondary Design Parameters of Robots for High-Speed Machining Applications[C]// ASME 2010 International Design Engineering Technical Conferences & Computers and Information in Engineering Conference IDETC/CIE2010, Quebec, 2010: 753-762.

[6] Merlet J P, Daney D. Appropriate Design of Parallel Manipulators[M]//Smart Devices and Machines for Advanced Manufacturing. London: Springer, 2008: 1 - 25.

[7] Carbone G, Ottaviano E, Ceccarelli M. An Optimum Design Procedure for Both Serial and Parallel Manipulators[J]. Proceedings of the Institution of Mechanical Engineers, Part C: Journal of Mechanical Engineering Science, 2007, 221(7): 829-843.

[8] Merlet J P. Parallel Robots[M]. 2nd ed. Netherlands: Springer. 2006:167 - 170.

[9] Mastinu G, Gobbi M, Miano C. Optimal Design of Complex Mechanical Systems: with Applications to Vehicle Engineering[M]. Verlag Berlin Heidelberg:Springer, 2006:121 - 343.

[10] Gao Z, Zhang D, Ge Y. Design Optimization of A Spatial Six Degree-of-Freedom Parallel Manipulator Based on Artificial Intelligence Approaches[J]. Robotics and Computer-

Integrated Manufacturing, 2010, 26(2): 180-189.

[11] Altuzarra O, Pinto C, Sandru B, et al. Pareto-optimal Solutions Using Kinematic and Dynamic Functions for a SchÖnflies Parallel Manipulator[C]// Proceedings of the ASME 2009 International Design Engineering Technical Conferences & Computers and Information in Engineering Conference, IDETC/CIE 2009, August 30 - September 2, 2009, San Diego 1-10.

[12] Altuzarra O, Pinto C, Sandru B, et al. Optimal Dimensioning for Parallel Manipulators: Workspace, Dexterity, and Energy[J]. Journal of Mechanical Design, 2011, 133(4): 041007-1-041007-7.

[13] Kelaiaia R, Company O, Zaatri A. Multiobjective Optimization of a Linear Delta Parallel Robot[J]. Mechanism and Machine Theory, 2012, 50: 159-178.

[14] Dasgupta B, Mruthyunjaya T S. The Stewart Platform Manipulator: A Review[J]. Mechanism and Machine Theory, 2000, 35(1): 15-40.

[15] Liu G, Qu Z, Han J, et al. Systematic Optimal Design Procedures for the Gough-Stewart Platform Used as Motion Simulators[J]. Industrial Robot, 2013, 40(6):550-558.

[16] Merlet J P. Jacobian, Manipulability, Condition Number, and Accuracy of Parallel Robots[J]. Journal of Mechanical Design. 2006, 128: 199-206.

[17] Angeles J. Fundamentals of Robotic Mechanical Systems: Theory, Methods, and Algorithms[M]. 2nd ed. Springer-Verlag New York, Inc. , 2003: 171-176.

[18] Elkady A, Mohammed M, Sobh T. A New Algorithm for Measuring and Optimizing the Manipulability Index[J]. Journal of Intelligent and Robotic Systems, 2010, 59(1): 75-86.

[19] Yoshikawa T. Foundations of Robotics: Analysis and Control[M]. Cambridge: The MIT Press, 1990:127 - 153.

[20] 马建明. 飞行模拟器液压 Stewart 平台奇异位形分析及其解决方法研究[D]. 哈尔滨:哈尔滨工业大学,2010:43 - 66,86 - 93.

[21] 孟红云. 多目标进化算法及其应用研究[D]. 西安:西安电子科技大学,2005:10 - 11.

[22] 公茂果,焦李成,杨咚咚,等. 进化多目标优化算法研究[J]. 软件学报,2009,20(20):271-289.

[23] Yu Xinjie, Gen Mitsuo. Introduction to Evolutionary Algorithms[M]. Verlag London: Springer,2010: 193-259.

[24] Deb K, Pratap A, Agarwal S, et al. A Fast and Elitist Multiobjective Genetic Algorithm: NSGA-Ⅱ[J]. IEEE Transactions on Evolutionary Computation, 2002, 6(2): 182-197.

[25] Deb K, Agrawal R B. Simulated Binary Crossover for Continuous Search Space[J].

Complex Systems，1995，9：115-148.

[26] Deb K，Goyal M. A Combined Genetic Adaptive Search（GeneAS）for Engineering Design[J]. Computer Science and Informatics，1996，26(4)：30-45.

[27] Deb K. An Efficient Constraint Handling Method for Genetic Algorithms[J]. Computer Methods in Applied Mechanics and Engineering，2000，186：311-338.

[28] 何景峰. 液压驱动六自由度并联机器人特性及其控制策略研究[D]. 哈尔滨:哈尔滨工业大学,2007:82-114.

[29] 刘小初. 六自由度运动模拟器结构参数分析设计[D]. 哈尔滨:哈尔滨工业大学,2006:28-46.

[30] Advani S K. The Kinematic Design of Flight Simulator Motion Bases[D]. TU Delft，Netherlands：1998:103-191.

[31] 赵强. 六自由度舰艇运动模拟器的优化设计及性能分析[D]. 哈尔滨:哈尔滨工业大学，2003:37-43.

[32] Chen Hua，Chen Weishan，Liu Junkao. Optimal Design of Stewart Platform Safety Mechanism[J]. Chinese Journal of Aeronautics，2007，20(4)：370-377.

[33] Coello C A C，Lamont G B，Veldhuizen D A V. Evolutionary Algorithms for Solving Multi-Objective Problems[M]. 2nd ed. New York：Springer，2007:33.

第 9 章　考虑精度要求的六自由度运动模拟平台的运动学优化设计

9.1 引　　言

6-UCU 型 Gough-Stewart 平台被广泛用作六自由度运动模拟平台(请见第 1 章绪论中的内容)。位姿精度是并联机构的一项重要的技术指标。在系统的加工制造和装配过程中,不可避免地会引入各种误差,从而对平台的精度产生影响[1]。本章将推导六自由度运动模拟平台的误差模型,最后提出一种考虑精度要求的运动学优化方法。

9.2 误 差 模 型

6-UCU 型 Gough-Stewart 平台完整运动学与完整动力学建模请见第 3 章。由式(3-6)得到:

$$\boldsymbol{p} + \boldsymbol{R}^L\boldsymbol{p}_i = \boldsymbol{b}_i + l_{1i}\boldsymbol{n}_{1i} + l_{2i}\boldsymbol{n}_{2i} \tag{9-1}$$

式中　l_{1i} ——支路 i 中作动器从点 B_i 到活塞下端面的轴向距离,是一个变化量;

l_{2i} ——支路 i 中作动器从点 P_i 到活塞下端面的轴向距离,是一个固定值。

在支路 i 中,作动器从点 B_i 到 P_i 的轴向距离为

$$l_i = l_{1i} + l_{2i} \tag{9-2}$$

式中　l_i ——支路 i 中作动器从点 B_i 到 P_i 的轴向距离。

对式(9-1)求导,可得到

$$\delta\boldsymbol{p} + \delta\boldsymbol{R}^L\boldsymbol{p}_i + \boldsymbol{R}\delta^L\boldsymbol{p}_i = \delta\boldsymbol{b}_i + \delta l_{1i}\boldsymbol{n}_{1i} + l_{1i}\delta\boldsymbol{n}_{1i} + \delta l_{2i}\boldsymbol{n}_{2i} + l_{2i}\delta\boldsymbol{n}_{2i} \tag{9-3}$$

式中　$\delta\boldsymbol{R}$ 为[2-3]

$$\delta\boldsymbol{R} = \delta\boldsymbol{\theta}\times\boldsymbol{R} = \begin{bmatrix} 0 & -\delta\theta_Z & \delta\theta_Y \\ \delta\theta_Z & 0 & -\delta\theta_X \\ -\delta\theta_Y & \delta\theta_X & 0 \end{bmatrix}\boldsymbol{R} = \boldsymbol{\Omega}\boldsymbol{R} \tag{9-4}$$

式中,$\delta\boldsymbol{\theta} = [\delta\theta_X \quad \delta\theta_Y \quad \delta\theta_Z]^{\mathrm{T}}$ 是动平台相对于坐标系 $O\text{-}XYZ$ 的角度误差向量。$\delta\boldsymbol{p} = [\delta p_X \quad \delta p_Y \quad \delta p_Z]^{\mathrm{T}}$ 为动平台上控制点 O_L 在坐标系 $O\text{-}XYZ$ 中的平移误差向量。

式(9-4)两边同时乘以 $\boldsymbol{n}_i^{\mathrm{T}}$,得到

$$\begin{aligned} &\boldsymbol{n}_i^{\mathrm{T}}\delta\boldsymbol{p} + \boldsymbol{n}_i^{\mathrm{T}}\delta\boldsymbol{\theta}\times\boldsymbol{R}^L\boldsymbol{p}_i + \boldsymbol{n}_i^{\mathrm{T}}\boldsymbol{R}\delta^L\boldsymbol{p}_i = \\ &\boldsymbol{n}_i^{\mathrm{T}}\delta\boldsymbol{b}_i + \boldsymbol{n}_i^{\mathrm{T}}\delta l_{1i}\boldsymbol{n}_{1i} + \boldsymbol{n}_i^{\mathrm{T}}l_{1i}\delta\boldsymbol{n}_{1i} + \boldsymbol{n}_i^{\mathrm{T}}\delta l_{2i}\boldsymbol{n}_{2i} + \boldsymbol{n}_i^{\mathrm{T}}l_{2i}\delta\boldsymbol{n}_{2i} \end{aligned} \tag{9-5}$$

由于 $\boldsymbol{n}_i^{\mathrm{T}}\boldsymbol{n}_i = 1$,$\boldsymbol{n}_i = \boldsymbol{n}_{1i} = \boldsymbol{n}_{2i}$,$\delta l_{2i} = 0$,$\delta l_i = \delta l_{1i}$,从而可得到 $\boldsymbol{n}_i^{\mathrm{T}}\delta\boldsymbol{n}_i = 0$,$\boldsymbol{n}_i^{\mathrm{T}}\delta\boldsymbol{n}_{1i} = 0$

和 $\boldsymbol{n}_i^{\mathrm{T}}\delta\boldsymbol{n}_{2i}=0$ 。式(9-5)可以写为

$$\begin{aligned}&\boldsymbol{n}_i^{\mathrm{T}}\delta\boldsymbol{p}+\boldsymbol{n}_i^{\mathrm{T}}\delta\boldsymbol{\theta}\times\boldsymbol{R}^L\boldsymbol{p}_i+\boldsymbol{n}_i^{\mathrm{T}}\boldsymbol{R}\delta^{\mathrm{L}}\boldsymbol{p}_i=\\&\boldsymbol{n}_i^{\mathrm{T}}\delta\boldsymbol{b}_i+\boldsymbol{n}_i^{\mathrm{T}}\delta l_{1i}\boldsymbol{n}_i=\\&\boldsymbol{n}_i^{\mathrm{T}}\delta\boldsymbol{b}_i+\delta l_{1i}=\\&\boldsymbol{n}_i^{\mathrm{T}}\delta\boldsymbol{b}_i+\delta l_i\end{aligned}\tag{9-6}$$

得到 δl_i 为

$$\begin{aligned}\delta l_i=\boldsymbol{n}_i^{\mathrm{T}}\delta\boldsymbol{p}+\boldsymbol{n}_i^{\mathrm{T}}\delta\boldsymbol{\theta}\times\boldsymbol{R}^L\boldsymbol{p}_i+\boldsymbol{n}_i^{\mathrm{T}}\boldsymbol{R}\delta^L\boldsymbol{p}_i-\boldsymbol{n}_i^{\mathrm{T}}\delta\boldsymbol{b}_i=\\\begin{bmatrix}\boldsymbol{n}_i^{\mathrm{T}} & (\boldsymbol{R}^L\boldsymbol{p}_i\times\boldsymbol{n}_i)^{\mathrm{T}}\end{bmatrix}\begin{bmatrix}\delta\boldsymbol{p}\\\delta\boldsymbol{\theta}\end{bmatrix}+\begin{bmatrix}\boldsymbol{n}_i^{\mathrm{T}}\boldsymbol{R} & (-\boldsymbol{n}_i^{\mathrm{T}})\end{bmatrix}\begin{bmatrix}\delta^L\boldsymbol{p}_i\\\delta\boldsymbol{b}_i\end{bmatrix}\end{aligned}\tag{9-7}$$

把 6 个支路的表达式合成为一个矩阵,误差可表示为

$$\delta\boldsymbol{l}=\boldsymbol{J}\delta\boldsymbol{x}+\boldsymbol{J}_s\delta\boldsymbol{s}\tag{9-8}$$

其中

$$\delta\boldsymbol{l}=\begin{bmatrix}\delta l_1 & \cdots & \delta l_6\end{bmatrix}^{\mathrm{T}}\in\Re^{6\times1}\tag{9-9}$$

$$\delta\boldsymbol{x}=\begin{bmatrix}\delta\boldsymbol{p}\\\delta\boldsymbol{\theta}\end{bmatrix}\in\Re^{6\times1}\tag{9-10}$$

$$\delta\boldsymbol{s}=\begin{bmatrix}\delta^L\boldsymbol{p}_1\\\delta\boldsymbol{b}_1\\\vdots\\\delta^L\boldsymbol{p}_6\\\delta\boldsymbol{b}_6\end{bmatrix}\in\Re^{36\times1}\tag{9-11}$$

$$\boldsymbol{J}=\begin{bmatrix}\boldsymbol{n}_1^{\mathrm{T}} & (\boldsymbol{R}^L\boldsymbol{p}_1\times\boldsymbol{n}_1)^{\mathrm{T}}\\\vdots & \vdots\\\boldsymbol{n}_6^{\mathrm{T}} & (\boldsymbol{R}^L\boldsymbol{p}_6\times\boldsymbol{n}_6)^{\mathrm{T}}\end{bmatrix}\in\Re^{6\times6}\tag{9-12}$$

$$\boldsymbol{J}_s=\begin{bmatrix}\boldsymbol{n}_1^{\mathrm{T}}\boldsymbol{R} & (-\boldsymbol{n}_1^{\mathrm{T}}) & \cdots & \boldsymbol{0}_{1\times3} & \boldsymbol{0}_{1\times3}\\\vdots & \vdots & & \vdots & \vdots\\\boldsymbol{0}_{1\times3} & \boldsymbol{0}_{1\times3} & \cdots & \boldsymbol{n}_6^{\mathrm{T}}\boldsymbol{R} & (-\boldsymbol{n}_6^{\mathrm{T}})\end{bmatrix}\in\Re^{6\times36}\tag{9-13}$$

$$\boldsymbol{0}_{1\times3}=\begin{bmatrix}0 & 0 & 0\end{bmatrix}\tag{9-14}$$

如果 $\boldsymbol{J}$ 的逆存在,得到 $\delta\boldsymbol{x}$ 为

$$\delta\boldsymbol{x}=\boldsymbol{J}^{-1}\delta\boldsymbol{l}-\boldsymbol{J}^{-1}\boldsymbol{J}_s\delta\boldsymbol{s}\tag{9-15}$$

式(9-15)中第一项表示由作动器引起的误差,第二项表示由铰点误差引起的误差[2]。

9.3 优化设计算法

假设铰点坐标和杆长误差是在一个已知的范围内,即 $\delta\boldsymbol{l}$ 和 $\delta\boldsymbol{s}$ 的值是已知的,此时设计的结构参数位姿误差要满足用户的要求。针对这种情况,在设计过程中,可把精度要求作为一个约束条件,然后采用第 8 章中的优化设计算法进行优化。

若 $\boldsymbol{J}$ 接近奇异，按式(9-15)计算 $\delta\boldsymbol{x}$ 得到的结果就会错。为了解决这个问题，分情况处理：

若 $\mathrm{cond}(\boldsymbol{J}) > 10^6$，设定 $\delta\boldsymbol{x} = [10^7 \quad 10^7 \quad 10^7 \quad 10^7 \quad 10^7 \quad 10^7]^{\mathrm{T}}$；

如果 $\mathrm{cond}(\boldsymbol{J}) \leqslant 10^6$，按式(9-15)计算 $\delta\boldsymbol{x}$ 的值。

在寻优过程中，精度要求被作为一个约束条件。惩罚函数经常被用于带约束的优化问题中[4]，但惩罚函数的系数很难取得合适[5]。这样处理约束条件如下：

如果 $\delta\boldsymbol{x}$ 满足用户的精度要求，计算运动学传统雅克比矩阵的可操作度 $w(\boldsymbol{J})$ 与条件数 $\mathrm{cond}(\boldsymbol{J})$ 值，分别利用式(7-1)和式(7-3)进行计算；

如果 $\delta\boldsymbol{x}$ 不满足用户的精度要求，令 $\mathrm{cond}(\boldsymbol{J}) = (10^7 + f_c)$ 和 $w(\boldsymbol{J}) = (-f_c)$。其中：

$$f_c = \left\| \frac{\delta p_X}{ac_{TX}} \right\| + \left\| \frac{\delta p_Y}{ac_{TY}} \right\| + \left\| \frac{\delta p_Z}{ac_{TZ}} \right\| + \left\| \frac{\delta\theta_X}{ac_{RX}} \right\| + \left\| \frac{\delta\theta_Y}{ac_{RY}} \right\| + \left\| \frac{\delta\theta_Z}{ac_{RZ}} \right\| \tag{9-16}$$

式中，ac_{TX}，ac_{TY}，ac_{TZ} 分别为用户要求的沿 X，Y，Z 轴平移误差的最大值，ac_{RX}，ac_{RY}，ac_{RZ} 分别为用户要求的绕 X，Y，Z 轴转动误差的最大值。

利用第 8 章中相应的优化算法进行寻优。

9.4　设计实例分析

本节也利用一个设计实例来验证本章提出的优化设计算法的可行性。假设用户要求设计一台液压驱动六自由度运动模拟平台。假设负载为 10 000kg，并假设用户具体的运动要求见表 9-1。

表 9-1　用户的要求

自由度	滚转 (Roll)	俯仰 (Pitch)	偏航 (Yaw)	纵向波动 (Surge)	侧向摆动 (Sway)	升降 (Heave)
位移（单自由度）	±25°	±25°	±30°	±1m	±1m	±0.8m
速度	±20°/s	±20°/s	±20°/s	±0.7m/s	±0.7m/s	±0.6m/s
加速度	±210°/s²	±210°/s²	±210°/s²	±10m/s²	±10m/s²	±10m/s²

位姿误差为：平移误差最大不能超过 1mm，转动误差最大不能超过 0.1°。

选择设计参数变量为：上铰点短边距离 d_P、下铰点短边距离 d_B、上铰圆半径 r_P、下铰圆半径 r_B、中位高度 H_0（指在中位时，上铰点平面到下铰点平面的距离）。综合考虑各种因素的影响，假设各个参数的取值（或取值范围）如下：

${}^{L}\boldsymbol{w} = [0 \quad 0 \quad -0.45]^{\mathrm{T}}(\mathrm{m})$，$\boldsymbol{w}_1 = [0 \quad 0 \quad -0.45 - H_0]^{\mathrm{T}}$，$0.75(\mathrm{m}) \leqslant r_B \leqslant 3.0(\mathrm{m})$，$0.75(\mathrm{m}) \leqslant r_P \leqslant 3.0(\mathrm{m})$，$r_P \leqslant r_B$，$1.0(\mathrm{m}) \leqslant H_0 \leqslant 3.5(\mathrm{m})$，$0.25(\mathrm{m}) \leqslant d_B \leqslant r_B$，$0.22(\mathrm{m}) \leqslant d_P \leqslant r_P$。假设 $\delta\boldsymbol{l}$ 和 $\delta\boldsymbol{s}$ 所有元素在 $[-0.3 \quad +0.3](\mathrm{mm})$ 内。NGSA-Ⅱ的参数

设置同样采用表 9-2 中的参数。

表 9-2 NSGA-Ⅱ参数

最大进化迭代数	种群数量 N	交叉率	变异率	锦标赛选择规模	变异分布指数	交叉分布指数
1 000	50	0.9	0.1	2	20	20

利用第 9.3 节中的优化算法进行寻优。优化后得到的 50 组 Pareto 优化解集如图 9-1 所示。图中 $f_1=-\min\_w(\boldsymbol{J})$，$f_2=\max\_\mathrm{cond}(\boldsymbol{J})$，具体含义见 8.5.2 节中的定义。然后选择图中 a,b,c 三组参数来验算它们的精度是否满足用户的要求。它们的参数值和目标函数值等见表 9-3。从表 9-3 中可得：沿三个轴的平移最大误差小于 1mm，且绕三个轴的转动最大误差小于 0.1°。它们满足用户的要求。

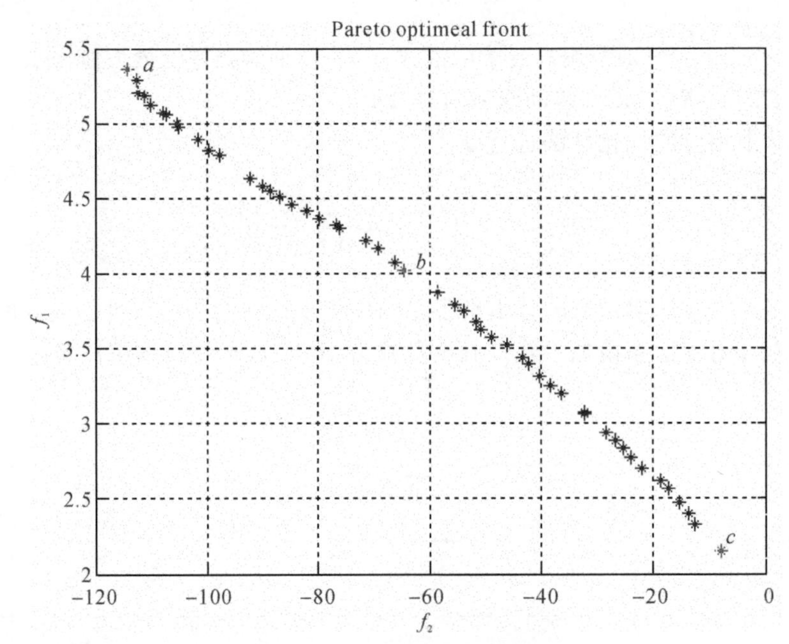

图 9-1 Pareto 最优解集

表 9-3 选择的三级参数

	a	b	c
d_B /m	0.340 9	0.348 9	0.250 0
d_P /m	1.691 5	0.517 7	0.220 0
r_B /m	3.000 0	2.998 1	2.655 2
r_P /m	3.000 0	2.404 6	1.212 8
H_0 /m	2.400 2	2.404 4	2.436 3

续表

	a	b	c
f_2	−114.270 9	−64.539 9	−8.001 7
f_1	5.361 5	4.020 1	2.146 4
δp_X /mm	0.2	0.2	0.2
δp_Y /mm	0.2	0.2	0.2
δp_Z /mm	0.6	0.6	0.6
$\delta\theta_X$ /(°)	0.002 2	0.002 5	0.002 0
$\delta\theta_Y$ /(°)	0.001 8	0.002 7	0.002 6
$\delta\theta_Z$ /(°)	0.003 0	0.002 9	0.003 0

9.5　补充说明

本章只是从设计角度，考虑怎么得到优化的六自由度运动模拟平台结构参数能满足用户的精度要求。关于补偿误差的方法，查阅参考文献[1]，[3]，[6]，[7]等。

参考文献

[1] 代小林. 三自由度并联机构分析与控制策略研究[D]. 哈尔滨：哈尔滨工业大学，2009：55.

[2] Ropponen T，Arai T. Accuracy Analysis of A Modified Stewart Platform Manipulator [C]//IEEE International Conference on Robotics and Automation，1995.

[3] 丛大成，于大泳，韩俊伟. Stewart 平台的运动学精度分析和误差补偿[J]. 工程设计学报，2006，13(3)：162－165.

[4] Yu X，Gen M. Introduction to Evolutionary Algorithms[M]. London：Springer，2010：143.

[5] Deb K. An Efficient Constraint Handling Method for Genetic Algorithms[J]. Computer Methods in Applied Mechanics and Engineering，2000，186(2)：311－338.

[6] 于大泳. 六自由度运动模拟器精度分析及其标定[D]. 哈尔滨：哈尔滨工业大学，2006.

[7] 丁建. 六自由度并联机构精度分析及其综合方法研究[D]. 哈尔滨：哈尔滨工业大学，2015.